4つのステップで考える力を伸ばす！

今すぐ始める中学受験

小3

算数

○○西村則康【監修】
○○都関靖治【著】

実務教育出版

はじめに

中学受験を見据えて

ちょっとがんばった、でも欲ばりすぎない問題集をめざしました。

　近年、児童数の減少にもかかわらず、中学受験をする人数は増加傾向です。受験率は、首都圏で 15％を超え、東京都だけに限れば 20％を超えるという過熱ぶりです。

　中学受験についての SNS も過熱しています。
・低学年のうちから進学塾に通っていないとついていけなくなる。
・塾に入れる前に、算数や国語の単科塾に行かせないと塾についていけない。
・塾に入れる前に、先取り学習をさせておかないと塾についていけない。
　このような間違った情報に振り回されて右往左往されてしまっている親御さんが増えていることに危機感を覚えています。「何かをやらせていないと、他の子どもたちに追い抜かれてしまうのではないか」という恐怖心が、親御さんたちに蔓延しているように感じられて仕方がないのです。
　でも、欲ばりすぎた先取り学習は、子どもの学習モチベーションを下げるだけではなく、間違った学習のやり方を身につけさせてしまうことが多いのです。解く手順だけをひたすら覚えるという、伸びる芽を摘んでしまうような学習習慣です。

　書店には、極端な先取り学習のための問題集が数多く並んでいます。これらの問題集をこなしていける子どもたちは、決して多くはありません。日々子どもたちに接している私たちの肌感覚としては、やって効果が上がるのはせいぜい 5％。他の 95％の子どもたちには難しすぎたり早すぎたりすると感じます。

　本格的な受験勉強が開始される 4 年生以降、学力を伸ばしていくのは先取りした知識の量ではありません。
①毎日決まった時間に勉強する習慣
②「読み書きそろばん（計算）」に代表される基礎学力
③新しいことを知ったときの楽しさを知っていること
この 3 つが整っていればどんどん伸びていくことができます。
①の学習時間については、小学 3 年生の場合、小学校の宿題以外に、算数と国語それぞれ 30 分ずつ程度を目安にしてください。
②の基礎学力の算数部分については、『つまずきをなくす小 3 算数計算【改訂版】』や『つまずきをなくす小 3 算数文章題【改訂版】』（以上、実務教育出版）がご利用いただけます。
③の学習の楽しさを体験してもらうために、本書を作りました。子どもたちが、「ああ〜、なるほど！」と快感を持って理解できる問題集が必要だと考えたからです。

ちょっとだけ欲ばったレベルの学習は大切

　子どもたちは、苦しいことを長く続ける克己心は持っていません。ところが、「ちょっとがんばればなんとかなりそう」と感じることについては、ちゃんと努力することができます。しかも、そこに「あっ、わかった！」が含まれると、考えることが好きになっていきます。これが、考える力を高める秘訣です。

　本書は、先取りする単元は、該当学年の半年先までとしました。ちょっとがんばればわかるを経験してもらい、そのプロセスで、「わかった！」という楽しい経験を１つでも多くしてもらうためです。

子ども自身が見て・読んで、楽しさを感じられることが大切

　本書の作成にあたり、「小学３年生が読める解説」をめざしました。子どもたちが直感的に理解できるように図もふんだんに入れました。また、文字を大きめにしイラストをちりばめることで、「楽しそう」「僕（私）にもできそう」と感じてもらえることを意識しました。

少ない問題を丁寧に解く大切さ

　本書は、大量学習をめざすものではありません。１問１問じっくりと解き進め、解説を丁寧に読んでもらい、「なるほど、そうか！」と納得して進んでいっていただきたいのです。

おうちの方へのお願い

　本書は、中学受験をめざす子どもが学習の基盤を作るために、小学校の教科書準拠の問題集のレベルを軽々と超えるレベルで編集されています。解説は、子どもたちが読んで理解できるようにできる限りの工夫をしましたが、いきなり子どもに任せきりにするのではなくて、寄り添ってあげてほしいのです。

　問題文や解説を読んであげたり、子どもに音読をさせたりしてください。「なになに、これがわからないって？　だったら、ここを読んでごらん」「ここに〇〇〇……と書いてあるけど、わかるかな。……わかった？　エライ！」というような会話です。

　「ここにちゃんと書いてあるでしょ！　なぜ読まないの！」というような叱咤激励型の寄り添いにならないように、くれぐれもご注意ください。

　まるつけは、おうちの方にお願いします。その際、声かけもお願いします。「正解できてエライ！」ではなく、「よく考えたからエライ！」とプロセスをほめることです。

　解説を読むのは、お子さんと一緒にお願いします。子どもが読んでわかる解説を心がけて書きましたが、最初はおうちの方と一緒にお願いします。

　本書の学習を通して、子どもたちがわかることの楽しさを経験し、その経験を積み重ねることで、中学受験に向かう盤石の学力の素地を作り上げていただけることを、心から願っています。

2023 年 9 月　西村則康

学習のポイント

チャプター	テーマ	学習のポイント
No.1	たし算・ひき算の文章題	たし算とひき算の「交換のきまり」、「結合のきまり」が身につくと、計算の精度と速度を上げることができます。
No.2	かけ算・わり算の文章題	かけ算の「交換のきまり」を身につけて、高学年で学ぶ「素因数分解」の基礎を作りましょう。
No.3	図を使って考える問題 ①	方陣算や植木算は「お絵かき算」です。この2つのテーマの練習を通して、問題の条件を視覚化することが問題を解きやすくすること、公式の意味をとらえやすくすることを学びましょう。
No.4	図を使って考える問題 ②	
No.5	表を書いて考える問題	つるかめ算で利用する「表解」は、規則性のある問題を解く大切なツールです。
No.6	□を使って考える問題	□を使った線分図から「分配のきまり」を使えるようになることがこのチャプターの狙いです。
No.7	長い文章の問題	複雑な条件を整理するツールの1つである「流れ図」を身につけることがこのチャプターでの目標です。
No.8	長さ	「km」と「m」の換算ができるようになることが一番の目標です。「道のり」の意味も学びましょう。
No.9	円と球	中心、直径、半径、円周などの用語のマスターと、半径や直径を見つけられるようになることが大切です。
No.10	三角形	直角三角形、二等辺三角形、正三角形などの用語と、それぞれの形の特徴を覚えましょう。
No.11	紙を折る・回す	図形を移動させても形が変わらないことを利用して、作図ができるようになることが重要です。
No.12	紙を動かす・転がす	はじめてのときは、実物を使って図形の移動を「手と目」で実感することも大切です。

考える力をのばす問題	テーマ	学習のポイント
①	等差数列・単位分数	同じずつ増える数のたし算は工夫ができます。問題2では、等分のしかたを複数見つけましょう。
②	倍数判定法とわり算の余り	3や9の倍数判定法が身につくと、わり算の計算速度が向上します。
③	方陣算（中空方陣）	チャプターの発展学習です。「中空」であっても考え方は「中実」のときと同じです。
④	植木算の応用	チャプターの発展学習です。問題を解く過程のどこで「植木算」の考え方を使うかを見抜きましょう。
⑤	集合算	縦と横の項目から表を読み取ります。読み取りができるようになれば、自分の手で表を書いてみましょう。
⑥	分配算の応用問題・等差数列	□をふくむ量を「★倍」すること、□を含むたし算の工夫は、中学受験で使う「①解法」につながる学習です。
⑦	論理と推理	問題1では表を用いると「試行錯誤」がしやすくなることを、問題2では「重なり」の使い方を学びましょう。
⑧	速さ	同じ時間で進む道のりと同じ道のりを進むときの時間の2通りを使い分けて、速さ比べをしましょう。
⑨	円と球の応用問題	「四分円を4つ集めると1つの円になる」は、高学年で学ぶ「等積移動」の基本の1つです。
⑩	複合図形や連続図形の周りの長さ	辺を移動させても、その長さは変わりません。また、個々の長さがわからないときは和にも着目してみましょう。
⑪	対称図形の作図	マス目がない用紙にコンパスや定規を使って作図をすることは、中学受験に必要な「フリーハンド」の基礎を身につけていくうえでの大切な経験です。
⑫	回転移動の作図	

本書の構成とその使い方

本書は次のように、「例題・確認問題・練習問題・答えとせつ明・考える力をのばす問題」を１セットとする12のチャプターから構成されています。前から順にすべての問題に取り組むほかに、お子さんの学習状況に応じて、下のような３つの使い方もあります。

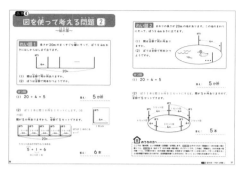

例題

チャプターで学ぶテーマが具体的な問題を通して学べます。

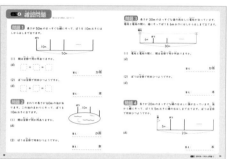

確認問題

例題で学んだことが理解できたかの確認ができます。

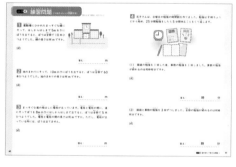

練習問題

テーマの内容が標準的な問題で練習できます（一部チャレンジ問題を含んでいます）。

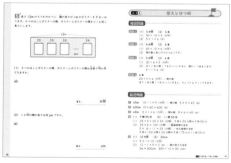

答えとせつ明

すぐに答え合わせができるように確認問題、練習問題のあとにあります。なお、同じ意味の式や考え方は正解としてください。

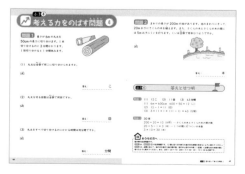

考える力をのばす問題

チャプターのテーマの応用です（一部のチャプターを除きます）。

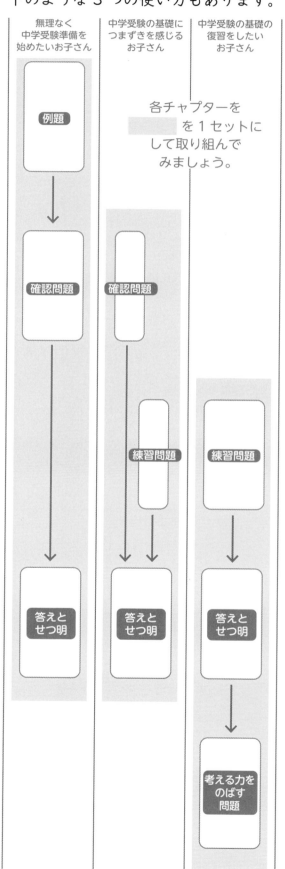

4

今すぐ始める中学受験　小3　算数　目次

たし算・ひき算の文章題

～計算のきまりとくふう(1) ～

れい題1 入れ物にさとうが 123g 入っています。はじめに、お父さんが 27g を使いました。次にお母さんが 37g を入れました。今、入れ物に入っているさとうは何 g ですか。

せつ明① 問題文の前から順に計算をします。

123 − 27 = 96

お父さんがさとうを使うと、のこりは 96g です。

96 + 37 = 133

お母さんがさとうを入れると、さとうは全部で 133g です。

答え： **133g**

せつ明② 1つの式で計算をします。

様子を線分図に表します。

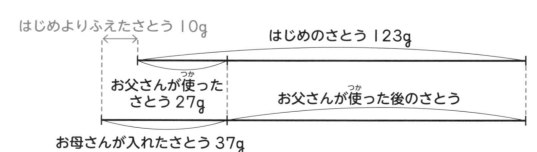

先にお母さんがさとうを入れる

$$123 - 27 + 37 = 123 + 37 - 27 = 123 + 10 = 133$$

後でお父さんがさとうを使ってもさとうははじめよりも 10g ふえる

答え： **133g**

れい題2 入れ物にさとうが 500g 入っています。はじめに、春子さんが 12g を使いました。次に夏子さんが 18g を使いました。今、入れ物にのこっているさとうは何 g ですか。

せつ明① 使った順に計算をします。

500 − 12 = 488

春子さんがさとうを使うと、のこりは 488g です。

488 − 18 = 470

夏子さんがさとうを使うと、のこりは 470g です。

答え： **470g**

せつ明② （ ）を使った 1 つの式で計算をします。

使った様子を線分図に表します。

はじめのさとう 500g

春子さんが使った さとう 12g　夏子さんが使った さとう 18g　2 人が使った後ののこり

2 人が使ったさとうの合計 30g

$$500 − (12 + 18) = 470$$

2 人が使ったさとうの合計 30g

答え： **470g**

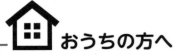**おうちの方へ**

ここでは「計算のきまり」を学習します。

れい題1 は「交換のきまり」といわれるもので、たし算とひき算だけの式では、たし算とひき算の順序が入れ換えられることを教えてください。

れい題2 は「結合のきまり」といわれるもので、たし算とひき算だけの式では、たし算、ひき算をそれぞれひとまとめにできることを教えてください。

問題1（もんだい） 入れ物（いもの）に麦茶が 1.2L 入っています。はじめに、お父さんが 0.3L を飲みました（の）。次（つぎ）にお母さんが 1.3L を入れました（いもの）。今、入れ物に入っている麦茶は何 L ですか。

【式（しき）】

$$\boxed{} - \boxed{} + \boxed{}$$

$$= \boxed{} + \boxed{} - \boxed{}$$

$$= \boxed{} + \boxed{}$$

$$= \boxed{}$$

答え：　　　　　L

問題2（もんだい） 箱（はこ）にみかんが 43 こ入っています。8 こを食べた後、18 こを箱（はこ）に入れました。今、箱（はこ）に入っているみかんは何こですか。

【式（しき）】

$$\boxed{} - \boxed{} + \boxed{}$$

$$= \boxed{} + \boxed{} - \boxed{}$$

$$= \boxed{} + \boxed{}$$

$$= \boxed{}$$

答え：　　　　　こ

問題3 ふくろにお米が **32kg** 入っていました。I 日目に **7kg** を使い、2 日目に **5kg** を使いました。今、ふくろに入っているお米は何 **kg** ですか。線分図の □ にあてはまる数を書いて、答えももとめましょう。

【線分図】

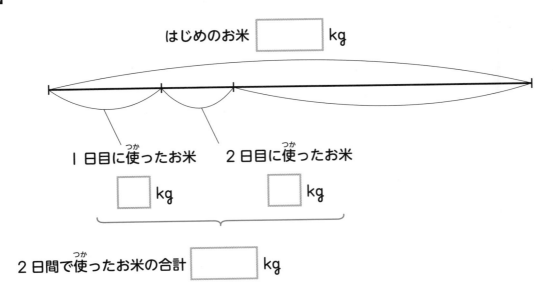

はじめのお米 □ kg

1 日目に使ったお米   2 日目に使ったお米
□ kg   □ kg

2 日間で使ったお米の合計 □ kg

【式】 □ － (□ ＋ □)

= □ － □

= □

答え：_____ **kg**

1 箱におはじきが 54 こ入っていました。はじめに、春子さんが 36 こを取りました。次にお姉さんが 12 こを入れました。

（1） 線分図の □ にあてはまる数を書きなさい。

【線分図】

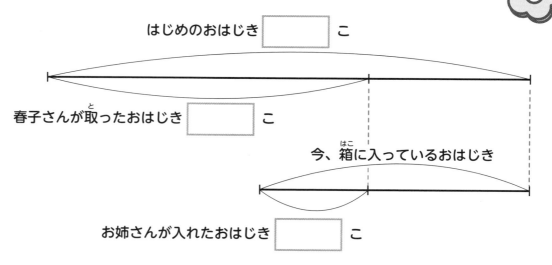

はじめのおはじき □ こ

春子さんが取ったおはじき □ こ

今、箱に入っているおはじき

お姉さんが入れたおはじき □ こ

（2） 今、箱に入っているおはじきの個数を、１つの式で計算します。下の式の □ にあてはまる数を書いて、今、箱に入っているおはじきの個数をもとめなさい。

【式】

□ − □ ＋ □

= □ − □

= □

答え： こ

2 10m のリボンがあります。はじめに春子さんが 3.3m を切り取り、次に夏子さんが 2.6m を切り取り、さらに秋子さんが 1.1m を切り取り、のこったリボンを冬子さんがもらいました。冬子さんがもらったリボンは何 m ですか。1 つの式に書いてもとめなさい。

【式】

答え： _____ m

3 花子さんは 600 円を持ってお店に行きました。お店で売っているケーキ、おかし、飲み物のねだんは次の通りです。

ケーキ		おかし		飲み物	
アップルパイ	320 円	シュークリーム	150 円	コーラ	100 円
いちごケーキ	330 円	エクレア	160 円	ミルク	130 円
チョコケーキ	340 円	プリン	180 円	ジュース	140 円

ケーキとおかしと飲み物をそれぞれ 1 つずつ買って、ちょうど 600 円にします。何を買えばよいですか。考えられる組み合わせをすべてもとめなさい。全部で 3 組あります。

と　　　　　　　　　と

と　　　　　　　　　と

答え：　　　　と　　　　　　　　　と

4 ふくろにお米が $\frac{5}{7}$ kg 入っていました。朝、$\frac{4}{7}$ kg のお米をふくろに入れ、夕方に $\frac{3}{7}$ kg のお米をふくろから出して使いました。ふくろにのこっているお米は何 kg ですか。

【式】

答え: _____ kg

5* あるクラスが赤組と白組に分かれて、試合を4回して点数をきそいました。春子さん、夏子さん、秋子さん、冬子さんの4人がこれらの試合の点数について、話をしています。

春子さん：1回目は、赤組が10点、白組が7点だったよ。

夏子さん：2回目は、赤組が白組よりも2点多かったね。

秋子さん：4回目は、赤組の方が7点少なかったよ。

冬子さん：4回の点数を合計したら、赤組が白組よりも1点多かったね。

3回目の試合は、どちらの組が何点多かったかをもとめなさい。

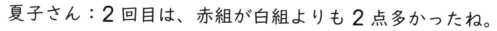

【式】

答え: _____ 組の方が _____ 点多い

小3① 答えとせつ明

確認問題

問題1 2.2L
$1.2 - 0.3 + 1.3 = 1.2 + 1.3 - 0.3 = 1.2 + 1 = 2.2$（L）

問題2 53こ
$43 - 8 + 18 = 43 + 18 - 8 = 43 + 10 = 53$（こ）

問題3 右の図　20kg
$32 - (7 + 5)$
$= 32 - 12 = 20$（kg）

はじめのお米 32kg

1日目に使ったお米
7kg

2日目に使ったお米
5kg

2日間で使ったお米の合計 12kg

練習問題

1 （1）右の図　　（2）30こ

（2）　$54 - 36 + 12$
　　　$= 54 - 24 = 30$（こ）
または
　　　$54 - 36 + 12$
　　　$= 66 - 36 = 30$（こ）

はじめのおはじき 54こ

春子さんが取ったおはじき 36こ

今、箱に入っているおはじき

お姉さんが入れたおはじき 12こ

2 3m
$10 - 3.3 - 2.6 - 1.1 = 10 - (3.3 + 2.6 + 1.1) = 10 - 7 = 3$（m）

3 アップルパイ と シュークリーム と ミルク、
アップルパイ と プリン と コーラ、
チョコケーキ と エクレア と コーラ
$320 + 150 + 130 = 600$（円）、
$320 + 180 + 100 = 600$（円）、$340 + 160 + 100 = 600$（円）

4 $\frac{6}{7}$kg　$\frac{5}{7} + \frac{4}{7} - \frac{3}{7} = \frac{5}{7} + \frac{1}{7} = \frac{6}{7}$（kg）

5 赤組の方が3点多い
$\underset{\underset{3}{=}}{10 - 7} + 2 + \square - 7 = 1$　　$\square - 2 = 1$　$\square = 3$
　　　　　　　　　　　$\underset{\uparrow}{7 - (3 + 2)}$

3点　　2点　　□点

赤組

白組

7点

1点

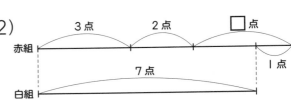

考える力をのばす問題 ①

問題 1 太郎さんは、ある年の1月1日から毎月1日に貯金をすることにしました。1月1日は100円、2月1日は200円、3月1日は300円、4月1日は400円、… のように、前の月よりも100円多く貯金します。この年の12月31日までにした貯金の合計は何円ですか。

【式】

答え：　　　　　　　　　　円

問題 2 同じ長さのカステラが3本あります。このカステラを4人で分けるときは、3本のカステラをそれぞれ4等分して、1本の $\frac{1}{4}$ のカステラを3切れもらう以外に、2本のカステラをそれぞれ2等分し、のこった1本を4等分すると、だれもが1本の $\frac{1}{2}$ と1本の $\frac{1}{4}$ のカステラをもらうことができます。では、同じ長さの4本のカステラを5人で分けるときは、どのようにすればよいでしょう。4本のカステラをそれぞれ5等分して4切れずつもらう以外の方法を答えなさい。

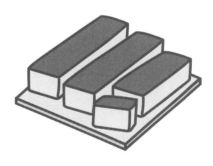

答え：

問題1　　7800 円

$$100+200+300+400+500+600+700+800+900+1000+1100+1200$$

（図：1300 になる組が6つ）

$$= 1300 + 1300 + 1300 + 1300 + 1300 + 1300$$
$$= 7800 （円）$$

たすと1300に
なる2数の組が
6つできます

問題2

答えのれい1　3本のカステラをそれぞれ2等分して1人が1切れずつ取り、のこった1切れを5等分して1人が1切れずつ取ります。さらに、最後の1本を5等分して、1人が1切れずつもらいます。

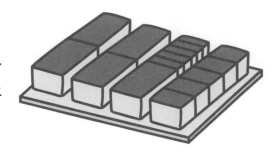

答えのれい2　4本のカステラをそれぞれ2等分して1人が1切れずつ取り、のこった3切れを2等分して1人が1切れずつ取ります。さらに、のこった1切れを5等分して、1人が1切れずつもらいます。

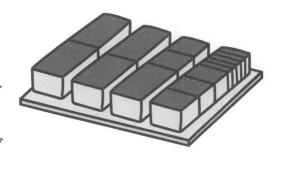

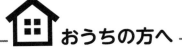 **おうちの方へ**

問題1 は、たし算の工夫がテーマです。2数の和が1000になる組を作って計算しても正解としてください。
問題2 は、「エジプト分数」と呼ばれる問題です。分子が1の分数（単位分数）がテーマとなっています。

かけ算・わり算の文章題

～計算のきまりとくふう(2)～

れい題 1 おはじきを、春子さんは 5 こ、夏子さんは春子さんの 3 倍の数、秋子さんは夏子さんの 2 倍の数を持っています。今、秋子さんが持っているおはじきは何こですか。

せつ明 絵で表すと下のようになります。

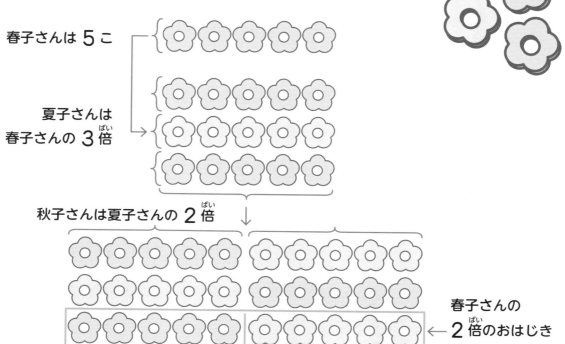

春子さんは 5 こ

夏子さんは
春子さんの 3 倍

秋子さんは夏子さんの 2 倍

春子さんの
2 倍のおはじき

秋子さんのおはじきは、春子さんの 2 倍の 3 つ分と考えられます。
これを 1 つの式で表します。

かけ算の順序を入れかえる

$$5 × 3 × 2 = 5 × 2 × 3 = 10 × 3 = 30$$

5 × 2 を先に計算すると
10 になります

答え： **30** こ

前ページの絵は次のような面積図にかき直すこともできます。

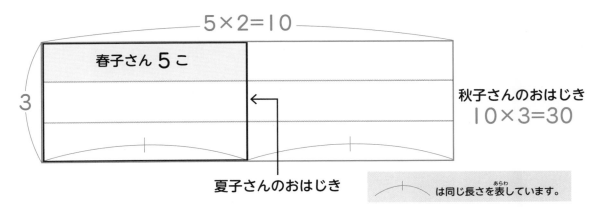

5×2=10

春子さん 5こ

3

秋子さんのおはじき
10×3=30

夏子さんのおはじき

╷╴╷ は同じ長さを表しています。

れい題 2 入れ物にさとうが 500g 入っています。これを同じ量に分けて 6 つのふくろに入れました。ふくろ 3 つ分のさとうの重さは何 g ですか。

せつ明 次のような面積図に表すと、入れ物の中にあるさとうの 3 倍の重さのさとうを 6 等分した量と考えられます。

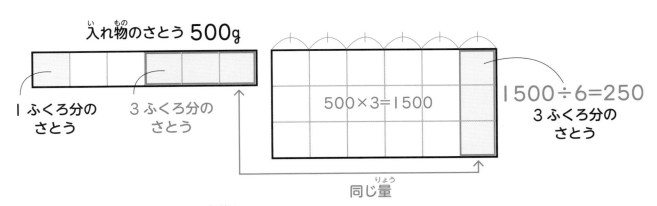

入れ物のさとう 500g

1 ふくろ分の
さとう

3 ふくろ分の
さとう

500×3=1500

1500÷6=250
3 ふくろ分の
さとう

同じ量

かけ算とわり算の順序を入れかえる

$$500 ÷ 6 × 3 = 500 × 3 ÷ 6 = 1500 ÷ 6 = 250$$

500 × 3 を先に計算する

答え： **250g**

🏠 **おうちの方へ**

ここでは「計算のきまり」のうちの「交換のきまり」を学習します。
かけ算とわり算だけの式では、計算の順序が入れ換えられることを教えてください。

答えとせつ明は、23 ページ

問題 1 一郎さんは 250 円、二郎さんは一郎さんの 3 倍、三郎さんは二郎さんの 4 倍のお金を持っています。三郎さんが持っているお金は何円ですか。

【式】

$$\boxed{} \times \boxed{} \times 4$$

$$= \boxed{} \times \boxed{} \times \boxed{}$$

$$= \boxed{} \times \boxed{}$$

$$= \boxed{}$$

答え：　　　　　円

問題 2 ポットに麦茶が 1200mL 入っています。これを同じ量に分けて 9 つのコップに入れました。コップ 3 つ分の麦茶は何 mL ですか。

【式】

$$\boxed{} \div \boxed{} \times \boxed{}$$

$$= \boxed{} \times \boxed{} \div \boxed{}$$

$$= \boxed{} \div \boxed{}$$

$$= \boxed{}$$

答え：　　　　　mL

問題3 長方形の板を 100 円で買いました。この板を下の図のように、4 等分した後、その 4 まいを積み重ねてさらに 5 等分し、小さな板にしました。

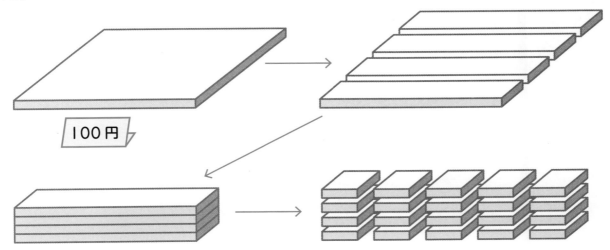

100円

(1) 小さな板は何まいできましたか。

【式】 ☐ × ☐ = ☐ 　　答え：＿＿＿＿＿＿ まい

(2) (1) の小さな板 1 まいが何円分になるかを、1 つの式で計算します。下の式の ☐ にあてはまる数を書いて、小さな板 1 まいが何円分かをもとめなさい。

【式】 ☐ ÷ ☐ ÷ 5

　= ☐ ÷ (☐ × ☐)

　= ☐ ÷ ☐

　= ☐

答え：＿＿＿＿＿＿ 円分

1 花子さんはスーパーマーケットでタマネギとピーマンとナスとトマトとジャガイモを 2 こずつ買いました。やさいはどれも 1 こ 78 円です。代金は全部で何円ですか。1 つの式に書いてもとめなさい。

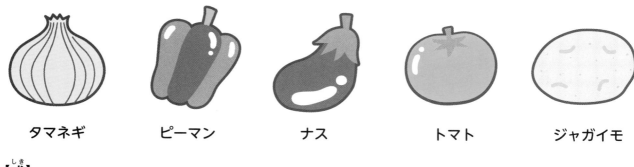

タマネギ　　ピーマン　　ナス　　トマト　　ジャガイモ

【式】

答え：　　　　　　　円

2 春子さんは、おみそしるに入れるとうふを切るお手伝いをしました。たてに 5 等分、横に 3 等分、水平に 4 等分に切ると、とうふは何切れになりますか。1 つの式に書いてもとめなさい。

【式】

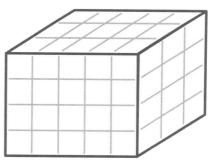

答え：　　　　切れ

3 夏子さんは、赤色と白色のおはじきを下の図のようにならべて、全部で何こあるか調べました。

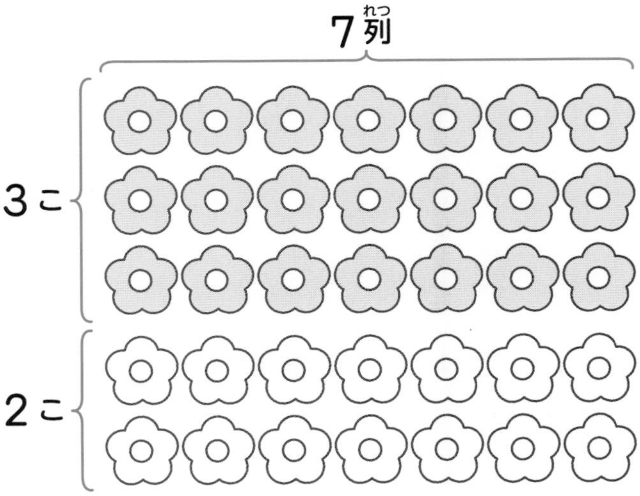

（１）　赤色のおはじきと白色のおはじきがそれぞれ何こあるかをもとめてから、全部の数をもとめることにしました。下の式の□□にあてはまる数を書いて、おはじきの数をもとめなさい。

7列

3こ

2こ

【式】　□ × □ ＋ □ × □

＝ □ ＋ □

＝ □

答え：　　　　　　こ

（２）　赤色のおはじきと白色のおはじきがたて１列に合わせて何こあるかをもとめてから、全部の数をもとめることにしました。下の式の□□にあてはまる数を書いて、おはじきの数をもとめなさい。

【式】　(□ ＋ □) × □

＝ □ × □

＝ □

答え：　　　　　　こ

4 「17 × 17 − 13 × 13」という計算について、太郎さんと夏子さんが話をしています。

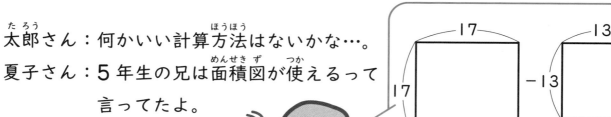

太郎さん：何かいい計算方法はないかな…。

夏子さん：5年生の兄は面積図が使えるって言ってたよ。

太郎さん：こんな感じ？

夏子さん：兄のは2つの図が重なっていたように思うけど…。

太郎さん：これでどうかな？

夏子さん：そうだ、思い出した！ ひき算だから、ここ（赤線）の大きさをもとめるの。ここ（赤色部分）をこんなふうにくっつけて…。

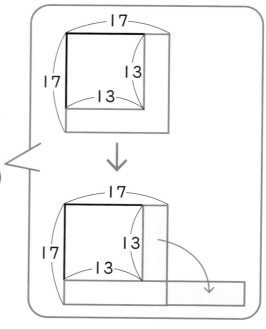

次の式の　にあてはまる数を書いて、「17 × 17 − 13 × 13」をもとめなさい。

【式】 (☐ − ☐) × (☐ + ☐)

= ☐ × ☐

= ☐

答え：＿＿＿＿＿＿＿＿＿＿

問題1　3000円

$$250 × 3 × 4 = 250 × 4 × 3 = 1000 × 3 = 3000（円）$$

問題2　400mL

$$1200 ÷ 9 × 3 = 1200 × 3 ÷ 9 = 3600 ÷ 9 = 400（mL）$$

問題3　（1）　20まい　　（2）　5円分

（1）　$4 × 5 = 20$（まい）

（2）　$100 ÷ 4 ÷ 5 = 100 ÷ (4 × 5) = 100 ÷ 20 = 5$（円分）

練習問題　・・

1　780円

$$78 × 5 × 2 = 78 × 10 = 780（円）$$

2　60切れ

$$5 × 3 × 4 = 5 × 4 × 3 = 20 × 3 = 60（切れ）$$

3　（1）　35こ　　（2）　35こ

（1）　$3 × 7 + 2 × 7 = 21 + 14 = 35$（こ）

（2）　$(3 + 2) × 7 = 5 × 7 = 35$（こ）

　　　同じ意味の式は正解です。

4　120

おはじきを1列に17こで17列ならべたときと、1列に13こで13列ならべたときの個数の差と考えます。
問題図のように赤色部分をうつすと、おはじきは1列に4こで30列ならびます。

$$(17 - 13) × (17 + 13) = 4 × 30 = 120$$

考える力をのばす問題 ②

問題 1 「1360 ÷ 9」という計算について、太郎さんとお兄さんが話をしています。

太郎さん：1360 は 9 でわり切れるのかな…。

お兄さん：10 円で 9 円のアメを 1 こ買うとおつりは 1 円だね。

太郎さん：うん。

お兄さん：じゃあ、100 円で 9 円のアメを 11 こ買うと、おつりは何円かな。

太郎さん：「100 − 9 × 11」だから、1 円だよ。

お兄さん：そうだね。じゃあ、1000 円で 9 円のアメを 111 こ買うと？

太郎さん：「1000 − 9 × 111」だから…、あれ？。今度も 1 円だ。

お兄さん：そうなんだ。つまり、10 や 100 や 1000 を 9 でわると、どれも 1 あまるんだよ。だから、「60 を 9 でわる」は、「10 を 9 でわる」の 6 回分ともいえるから、「6 あまる」ということもすぐにわかるのさ。

太郎さん：わかった！ ということは、1360 を 1000 と 300 と 60 にわけておいて、9 で 1000 をわると 1 あまり、300 は 100 が 3 つ集まった数だから 3 あまり、60 は 6 あまるから、全部で「1 + 3 + 6」で 10 あまるんだ。

お兄さん：そのとおり！ で、あまった 10 円で 9 円のアメがもう 1 こ買えるから…。

太郎さん：1 円あまる。そうか、だから「1360 ÷ 9」は 9 でわり切れないんだ。

2 人の話を参考に、「12340 ÷ 9」の商を一の位までもとめたときのあまりを答えなさい。

【式】

答え：

問題2 「10 を 3 でわると 1 あまる」、「100 を 3 でわると 1 あまる」、「1000 を 3 でわると 1 あまる」ことを使って、次の数を 3 でわって商を一の位までもとめたときのあまりを答えなさい。

(1) 20

【式】

答え：＿＿＿＿＿＿＿＿

(2) 3470

【式】

答え：＿＿＿＿＿＿＿＿

小3②　　　　　　　答えとせつ明

3470 は 3000 と 400 と 70 に分けることができます

問題1　1
12340 ＝ 10000 ＋ 2000 ＋ 300 ＋ 40
1 ＋ 1 × 2 ＋ 1 × 3 ＋ 1 × 4 ＝ 10
10 ÷ 9 ＝ 1 あまり 1

問題2　(1) 2　　(2) 2
(1) 1 × 2 ＝ 2
(2) 1 × 3 ＋ 1 × 4 ＋ 1 × 7 ＝ 14　　14 ÷ 3 ＝ 4 あまり 2

🏠 **おうちの方へ**

塾で「倍数判定法」といわれることがある問題です。ここでは、9 の倍数は各位の数の和が 9 でわり切れること、3 の倍数は各位の数の和が 3 でわり切れることを利用しています。

図を使って考える問題 ①

～方陣算～

れい題　赤色と白色のおはじきがあります。

（1）　おはじきを右の図のように正方形の形にならべました。おはじきは全部で何こありますか。

（2）　白色のおはじきは全部で何こありますか。

（3）　白色のおはじきの外がわに赤色のおはじきを1まわりならべます。1まわりに何このおはじきを使いますか。

せつ明

（1）　おはじきは1列に6こならんでいます。
おはじきの列は6列あります。

$6 × 6 = 36$

答え：　**36こ**

↑1列に6こ

（2）　白色のおはじきを四角形でかこみます。

【考え方①】（図1）のようにかこむ。

$4 × 4 + 1 × 4 = 20$

□でかこんだ　　□でかこんだ
おはじき　　　　おはじき

答え：　**20こ**

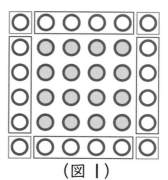

（図1）

【考え方②】（図2）のようにかこむ。

$$4 \times 2 + 6 \times 2 = 20$$

□で		□で
かこんだ		かこんだ
おはじき		おはじき

答え：　**20こ**

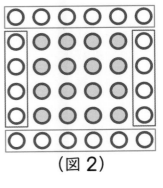
（図2）

【考え方③】（図3）のようにかこむ。

$$6 \times 4 - 1 \times 4 = 20$$

□で
かこんだ
おはじき

● は2回
数えられて
いる

答え：　**20こ**

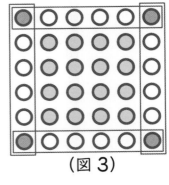
（図3）

【考え方④】（図4）のようにかこむ。（四畳半切り）

$$5 \times 4 = 20$$

□で
かこんだおはじき

答え：　**20こ**

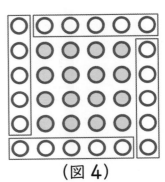
（図4）

(3)　1まわり外がわにならべる赤色のおはじき
は、白色のおはじきよりも8こ多くなっています。

$$20 + 8 = 28$$

ふえるおはじき

答え：　**28こ**

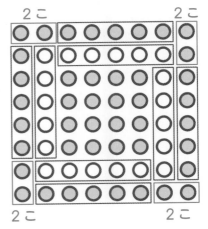
2こ　2こ　2こ　2こ

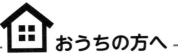おうちの方へ

ここでは「方陣算」という特殊算（文章題）を学習します。
例題はそのうちの「中実方陣（おはじきなどを隙間なく並べたもの）」です。
方陣算では、周りの個数は主に、① 重複を引く（【考え方③】）、② 四畳半切り（【考え方④】　注：塾のテキスト
などで用いられる表現です）の2つの方法がよく使われます。(3)では、1周りに並ぶ個数はそのすぐ内側の1
周りよりも8個多くなることも、教えてください。ただし、1辺に並ぶ個数が3個のときは、外側が8個、そ
の内側が1個なので増える個数は7個です。なお、(2)で用いた考え方でも正解としてください。

問題 1 赤色と白色のおはじきを下の図のように正方形の形にならべました。

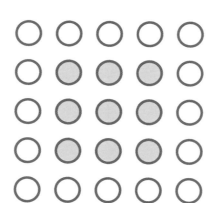

（1） おはじきは全部で何こありますか。

【式】

□ × □ = □

答え：　　　　　　こ

（2） 白色のおはじきは全部で何こありますか。四畳半切りを使ってみましょう。

【式】

□ × □ = □

答え：　　　　　　こ

（3） 白色のおはじきの外がわに赤色のおはじきを１まわりならべます。１まわりに何このおはじきを使いますか。

【式】

□ + □ = □

答え：　　　　　　こ

問題2 赤色と白色のおはじきを下の図のように正方形の形にならべました。

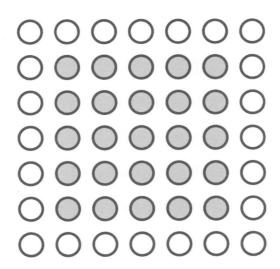

（1） おはじきは全部で何こありますか。

【式】 □ × □ = □

答え：_____こ

（2） 白色のおはじきは全部で何こありますか。四畳半切りを使ってみましょう。

【式】 □ × □ = □

答え：_____こ

（3） 白色のおはじきの外がわに赤色のおはじきを1まわりならべます。1まわりに何このおはじきを使いますか。

【式】 □ + □ = □

答え：_____こ

1 おはじきを右の図のように
すき間がないように、正方形の形
にならべました。一番外がわの1
辺(ぺん)にならんでいるおはじきは10
こです。

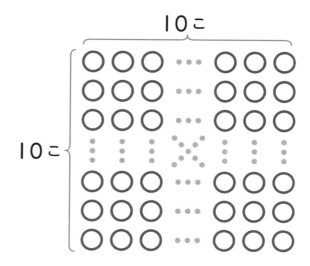

（1） おはじきは全部(ぜんぶ)で何こあり
ますか。

【式(しき)】

答え：　　　　　　こ

（2） 一番外がわの1まわりにならんでいるおはじきは、全部(ぜんぶ)で何こありま
すか。

【式(しき)】

答え：　　　　　　こ

（3） 一番外がわの1まわりにならんでいるおはじきの外がわに、さらにも
う1まわりおはじきをならべます。ならべるおはじきは何こですか。

【式(しき)】

答え：　　　　　　こ

2 おはじきをすき間がないように、正方形の形にならべました。一番外がわの 1 辺にならんでいるおはじきは **8** こです。

(1)　おはじきは全部で何こありますか。

【式】

答え：　　　　　　　　　　こ

(2)　一番外がわの 1 まわりにならんでいるおはじきは、全部で何こですか。

【式】

答え：　　　　　　　　　　こ

(3)　このおはじきの外がわに、さらにもう 1 まわりおはじきをならべます。ならべるおはじきは何こですか。

【式】

答え：　　　　　　　　　　こ

3＊ 赤色と白色のおはじきを、はじめに赤色のおはじきを 1 こ、次にそのまわりに白色のおはじきを 8 こ、その次にそのまわりに赤色のおはじきを 16 こ、その次にそのまわりに白色のおはじきを 24 こ、… のように、内がわから外がわへ順にすき間なく、右の図のような正方形の形にならべます。

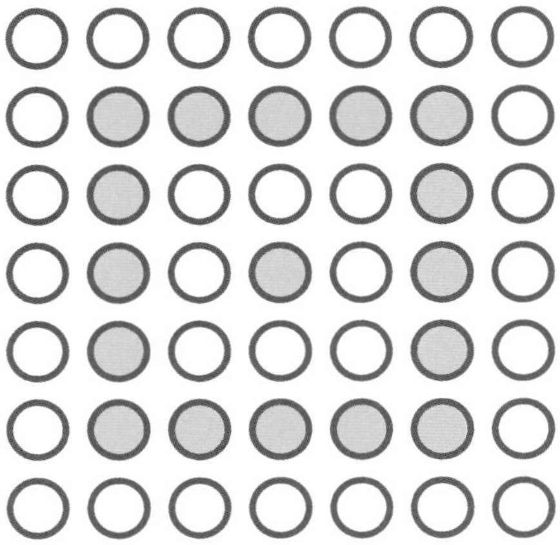

（1）　2 回目にならべる白色のおはじきは 24 こです。このとき、一番外がわの 1 辺にならぶ白色のおはじきは何こですか。

【式】

答え：　　　　　　こ

（2）　3 回目にならべる赤色のおはじきは何こですか。

【式】

答え：　　　　　　こ

（3）　一番外がわの 1 まわりにならんでいるおはじきが 40 こになるまでおはじきをならべました。ならべたおはじきは全部で何こですか。

【式】

答え：　　　　　　こ

確認問題

問題1 (1) 25こ   (2) 16こ   (3) 24こ
     (1) $5 × 5 = 25$（こ）
     (2) $4 × 4 = 16$（こ）
     (3) $16 + 8 = 24$（こ）

問題2 (1) 49こ   (2) 24こ   (3) 32こ
     (1) $7 × 7 = 49$（こ）
     (2) $6 × 4 = 24$（こ）
     (3) $24 + 8 = 32$（こ）

練習問題

1 (1) 100こ   (2) 36こ
   (3) 44こ
     (1) $10 × 10 = 100$（こ）
     (2) $10 - 1 = 9$（こ）
        $9 × 4 = 36$（こ）
     (3) $36 + 8 = 44$（こ）

2 (1) 64こ   (2) 28こ
   (3) 36こ
     (1) $8 × 8 = 64$（こ）
     (2) $8 - 1 = 7$（こ）
        $7 × 4 = 28$（こ）
     (3) $28 + 8 = 36$（こ）

3 (1) 7こ   (2) 32こ   (3) 121こ
     (1) $24 ÷ 4 = 6$（こ）… 下の図（左）の ▢ $6 + 1 = 7$（こ）
     (2) 2回目にならべる白色のおはじきの外がわです。 $24 + 8 = 32$（こ）
     (3) $40 ÷ 4 = 10$（こ）… 下の図（右）の ▢
        $10 + 1 = 11$（こ）… 1辺の個数 $11 × 11 = 121$（こ）

3 - (1)
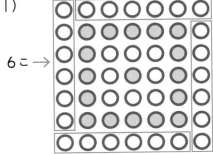
6こ →

3 - (3)
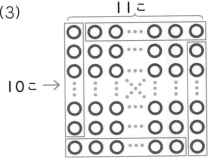
11こ
10こ →

考える力をのばす問題

問題 1 赤色のおはじきと白色のおはじきを下の図のようにならべました。おはじきが全部で何こあるか、(1)～(3) の方法でもとめてみましょう。

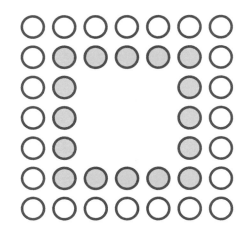

(1) 赤色のおはじきの個数を使って考えましょう。

【式】

答え：　　　　　　こ

(2) 四畳半切りを使って考えましょう。

【式】

答え：　　　　　　こ

(3) 中のすき間におはじきが9こならべられることを使って考えましょう。

【式】

答え：　　　　　　こ

問題2 おはじきを2まわり、下の図のように中にすき間のある正方形の形にならべました。このおはじきをすき間のない正方形の形にならべ直すと、一番外がわの1辺にならぶおはじきは何こになりますか。

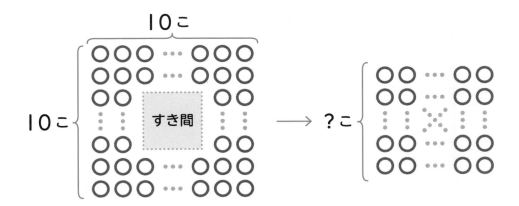

【式】

答え：　　　　　　　　こ

小3③ 答えとせつ明

問題1 （1）40こ　　（2）40こ　　（3）40こ
（1）5－1＝4（こ）　4×4＝16（こ）　16＋8＝24（こ）
16＋24＝40（こ）
（2）5×2＝10（こ）　10×4＝40（こ）
（3）7×7＝49（こ）　49－9＝40（こ）

（1）は **れい題** の（3）と同じ考え方です。（2）は

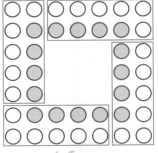

のように区切って考えます。

問題2 8こ
10－2＝8（こ）　8×2×4＝64（こ）
64＝8×8

おうちの方へ
「中空方陣（中央に隙間のある方陣）」といわれる方陣算です。
中空方陣では、周りの個数は、①（1辺の個数－1個）×4、②1周りの個数の差が8個を、全体の個数は四畳半切りをよく用います。また、**問題1**（3）のような、不足している部分を補うという考え方も算数では大切です。
問題2 はかけ算（同じ数どうしの積）を応用した問題です。

図を使って考える問題 ②

～植木算～

れい題 1 長さが 20m のまっすぐな線にそって、ぼうを 4m おきにはしからはしまで立てます。

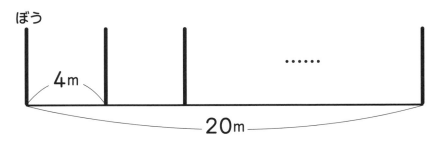

（1） 間は全部で何か所ありますか。

（2） ぼうは全部で何本ひつようですか。

せつ明

（1） 20 ÷ 4 = 5

答え： **5か所**

（2） ぼう 1 本と間 1 か所を 1 セットにします。（右の図）

間が 5 か所ありますから、全部で 5 セットできます。

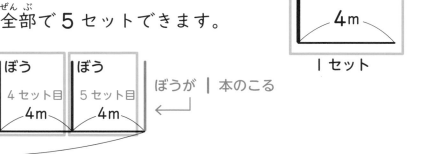

5 セットあるのでぼうも 5 本ある

5 + 1 = 6

のこりの 1 本

答え： **6本**

れい題2　まわりの長さが 20m の池があります。この池のまわりにそって、ぼうを 4m おきに立てます。

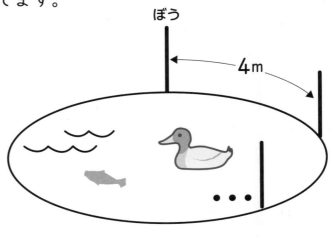

ぼう

4m

(1)　間は全部で何か所ありますか。

(2)　ぼうは全部で何本ひつようですか。

せつ明

(1)　20 ÷ 4 = 5

答え：　**5か所**

(2)　ぼう 1 本と間 1 か所を 1 セットにすると、間が 5 か所ありますので、全部で 5 セットできます。

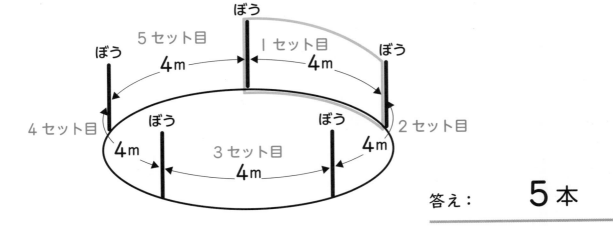

答え：　**5本**

🏠 おうちの方へ

ここでは「植木算」という特殊算（文章題）を学習します。 れい題1 はそのうちの「両端あり（木の本数＝間の数＋1）」、 れい題2 は「池タイプ（木の本数＝間の数）」のパターンです。この他に「両端なし（木の本数＝間の数－1）」、「片側だけあり（木の本数＝間の数）」の合計 4 つの基本パターンがあります。パターンを覚えることは計算面で有利になりますが、応用問題を解くときのために「セット」という考え方も教えてください。

問題 1 長さが 50m のまっすぐな線にそって、ぼうを 10m おきにはしからはしまで立てます。

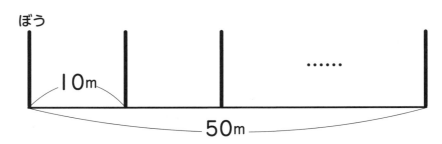

ぼう

10m

50m

(1) 間は全部で何か所ありますか。

【式】 □ ÷ □ = □

答え：　　　　　　か所

(2) ぼうは全部で何本ひつようですか。

【式】 □ + □ = □

答え：　　　　　　本

問題 2 まわりの長さが 60m の池があります。この池のまわりにそって、ぼうを 10m おきに立てます。

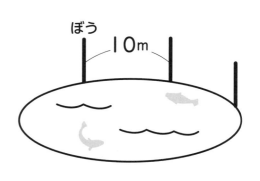

ぼう

10m

(1) 間は全部で何か所ありますか。

【式】

答え：　　　　　　か所

(2) ぼうは全部で何本ひつようですか。

答え：　　　　　　本

長さが 30m のまっすぐな道の両はしに電柱が立っています。電柱と電柱の間に、道にそってぼうを 6m おきにはしからはしまで立てます。

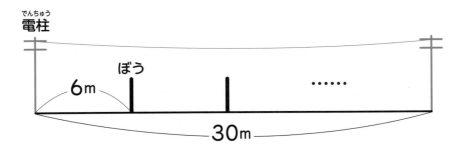

(1) 電柱と電柱の間に、間は全部で何か所ありますか。

【式】

答え：　　　　　　か所

(2) ぼうは全部で何本ひつようですか。

【式】

答え：　　　　　　本

問題4 長さが 20m のまっすぐな線の左はしに旗が立っています。旗から線にそって、ぼうを 5m おきに線の右はしまで立てます。ぼうは全部で何本ひつようですか。

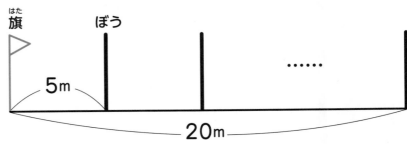

【式】

答え：　　　　　　本

1 運動場にひかれたまっすぐな線にそって、はしからはしまで5mおきにぼうを立てると、ぼうは全部で10本ひつようでした。線の長さは何mですか。

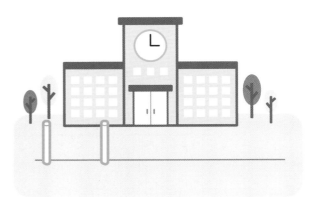

【式】

答え： _____ m

2 池のまわりにそって、10mおきにぼうを立てると、ぼうは全部で60本ひつようでした。池のまわりの長さは何mですか。

【式】

答え： _____ m

3 まっすぐな道の両はしに電柱が立っています。電柱と電柱の間に、道にそってぼうを8mおきにはしからはしまで立てると、ぼうは全部で5本ひつようでした。電柱と電柱の間の長さは何mですか。ただし、電柱が立っている所には、ぼうは立てません。

【式】

答え： _____ m

4 花子さんは、日曜日の勉強の時間割を作りました。勉強は 9 時ちょうどから始め、25 分間勉強をしたら 5 分間休むことをくり返します。

（1） 国語の勉強を 1 回した後、算数の勉強を 1 回しました。算数の勉強が終わるのは何時何分ですか。

【式】

答え：　　　　　　　　時　　　　　分
_____

（2） 国語と算数の勉強を 3 回ずつしました。全部の勉強が終わるのは何時何分ですか。

【式】

答え：　　　　　　　　時　　　　　分
_____

5 長さ 12m のろうかのかべに、横の長さが 1m のポスターを 9 まいはります。かべのはしとポスターの間、ポスターとポスターの間をどこも同じ長さにします。

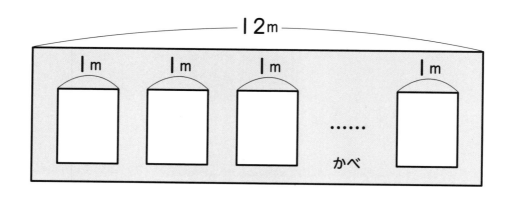

（1） かべのはしとポスターの間、ポスターとポスターの間は全部で何か所できますか。

【式】

答え：＿＿＿＿＿＿＿ か所

（2） 1 か所の間の長さは何 cm ですか。

【式】

答え：＿＿＿＿＿＿＿ cm

確認問題 ·······································小3 ④ 図を使って考える問題 ②·····

問題1　(1)　5か所　　(2)　6本
(1)　50 ÷ 10 = 5（か所）
(2)　5 + 1 = 6（本）

問題2　(1)　6か所　　(2)　6本
(1)　60 ÷ 10 = 6（か所）
(2)　間の数と同じだけひつようです。

問題3　(1)　5か所　　(2)　4本
(1)　30 ÷ 6 = 5（か所）
(2)　ぼう1本と間1つをセットにすると、間が1つあまります。
　　5 − 1 = 4（本）

問題4　4本
20 ÷ 5 = 4（か所）… 間の数
ぼう1本と間1つをセットにすると、ちょうど4セットできます。

練習問題 ··

1　45m　10 − 1 = 9（か所）… 間の数　5 × 9 = 45（m）

2　600m　10 × 60 = 600（m）

3　48m　5 + 1 = 6（か所）… 間の数　8 × 6 = 48（m）

4　(1)　9時55分　　(2)　11時55分
(1)　25 + 5 + 25 = 55（分間）　9時 + 55分間 = 9時55分
(2)　25 × 6 = 150（分間）… 勉強時間の合計
　　5 × (6 − 1) = 25（分間）… 休み時間の合計
　　9時 + 150分間 + 25分間 = 9時175分 = 11時55分

5　(1)　10か所　　(2)　30cm
(1)　9 + 1 = 10（か所）
(2)　12 − 1 × 9 = 3（m）… 間の長さの合計
　　3m = 300cm　300 ÷ 10 = 30（cm）

考える力をのばす問題 ④

問題 1 長さが6mの丸太を50cmの長さに切り分けます。1本切り分けるのに3分間かかります。1回切り分けると1分間休みます。

（1） 丸太は全部で何こに切り分けられますか。

【式】

答え：　　　　　　　こ

（2） 丸太を切る回数は全部で何回ですか。

【式】

答え：　　　　　　　回

（3） 丸太をすべて切り分けるのにかかる時間は何分間ですか。

【式】

答え：　　　　　　　分間

まわりの長さが**200m**の池があります。池のまわりにそって、**20m**おきにさくらの木を植えます。また、さくらの木とさくらの木の間には**5m**おきにくいを打ちます。くいは全部で何本ひつようですか。

【式】

答え：　　　　　　　　本

小3④　　　　　　　答えとせつ明

問題1 　(1)　12こ　　(2)　11回　　(3)　43分間

　　　　(1)　6m＝600cm　600÷50＝12（こ）
　　　　(2)　12－1＝11（回）
　　　　(3)　3×11＋1×（11－1）＝43（分間）

問題2 　**30本**
　　　　200÷20＝10（か所）…さくらの木とさくらの木の間の数
　　　　20÷5－1＝3（本）…1つの間に打つくいの本数
　　　　3×10＝30（本）

 おうちの方へ

植木算の応用問題です。
問題1 は、練習問題 4 の応用問題です。12個に切り分け終えた後の休み時間を含まないように教えてください。
問題2 は、必要に応じて、桜の木を植えた後の間の数、桜の木と桜の木の間（1区間）に必要な杭の本数の順に考えるように教えてください。また、200÷20＝10　200÷5＝40　40－10＝30 も正解です。

表を書いて考える問題

～つるかめ算～

れい題1 つるとかめが合わせて 10 います。その足の本数の合計は 28 本です。

(1) つるが 10 羽いるとすると、足の本数は全部で何本ですか。

(2) つるが 9 羽とかめが 1 ぴきいるとすると、足の本数は全部で何本ですか。

(3) 下の表を完成させて、かめが何ひきいるかをもとめなさい。

つる（羽）	10	9	8	7	6
かめ（ひき）	0	1	2		
足の本数の合計（本）					

せつ明

(1) $2 \times 10 = 20$

答え： **20**本

(2) $2 \times 9 + 4 \times 1 = 22$

答え： **22**本

(3)

つる（羽）	10	9	8	7	6
かめ（ひき）	0	1	2	3	4
足の本数の合計（本）	20	22	24	26	28

答え： **4**ひき

れい題2　10円切手と50円切手が合わせて10まいあります。

(1)　下の表を完成させなさい。

10円切手（まい）	10	9	8	7	6
50円切手（まい）	0	1			
合計金額（円）	100	140			

(2)　50円切手が1まいふえると、合計金額は何円ふえますか。

(3)　合計金額が340円になるのは、50円切手が何まいのときですか。

せつ明

(1)

10円切手（まい）	10	9	8	7	6
50円切手（まい）	0 ⁺¹→	1 ⁺¹→	2 ⁺¹→	3 ⁺¹→	4
合計金額（円）	100	140	180	220	260

+40　+40　+40　+40

(2)　　　　　　　　　　　　　　　答え：　**40円**

(3)　$340 - 100 = \underbrace{240}$

50円切手が0まいのときから
ふえる合計金額

$240 \div 40 = \underbrace{6}$　　　答え：　**6まい**

50円切手が0まいから
ふえるまい数

🏠 **おうちの方へ**

ここでは「つるかめ算」という特殊算（文章題）を学習します。 れい題1 はつるかめ算の「表解（表を利用した解法）」の導入問題です。 れい題2 は表から見つかる規則性を利用するための導入問題です。表を書く力は「3種のつるかめ算」などの応用問題にも生きてきます。

答えとせつ明は、53 ページ

問題1 つるとかめが合わせて 20 います。

（1） 下の表を完成させなさい。

つる（羽）	20	19	18	17	16
かめ（ひき）	0	1	2		
足の本数の合計（本）					

（2） かめが 1 ぴきふえると、足の本数の合計は何本ふえますか。

答え：　　　　　　　　本

（3） 足の本数の合計が 56 本になるのは、かめが何ひきのときですか。

【式】

$$\boxed{} - \boxed{} = \boxed{}$$

$$\boxed{} \div \boxed{} = \boxed{}$$

答え：　　　　　　　　ひき

問題2 つるとかめが合わせて 20 います。足の本数の合計は 64 本です。かめは何ひきいますか。

【式】

答え：　　　　　　　　ひき

48

10円玉と 50円玉が合わせて 15まいあります。

(1) 下の表を完成させなさい。

10円玉 （まい）	15	14	13	12	11
50円玉 （まい）	0				
合計金額 （円）	150				

(2) 合計金額が 550円になるのは、50円玉が何まいのときですか。

【式】

答え： _____　まい

問題 4 10円玉と 50円玉が合わせて 30まいあります。

(1) 10円玉が 30まいあるとき、合計金額は何円ですか。

【式】

答え： _____　円

(2) 合計金額は 860円でした。10円玉と 50円玉はそれぞれ何まいありますか。

【式】

答え： 10円玉 _____ まい、 50円玉 _____ まい

1 さるとたこが合わせて10ぴきいます。手足の合計の本数は68本です。たこは何ひきいますか（1ぴきの手足の本数は、さるが4本、たこが8本です。）

【式】

答え：　　　　　　ひき

2 春子さんは1000円札を1まい持ってスーパーマーケットに行きました。1本80円のえんぴつと1本100円のボールペンを合わせて8本買うと、おつりは320円でした。えんぴつを何本買いましたか。

【式】

答え：　　　　　　本

3 一郎さんは計算ドリルをしました。「やさしい問題」は 5 問を 2 分、「むずかしい問題」は 3 問を 2 分でときます。一郎さんは 10 分で 21 問ときました。「むずかしい問題」を何問ときましたか。

【式】

答え：　　　　　　　問

4 つるとかめとかぶとむしが合わせて 22 います。その足の本数の合計は 104 本です。かぶとむしが 10 ぴきいるとき、つるは何羽いますか。（1 ぴきのかぶとむしの足の本数は 6 本です。）

【式】

答え：　　　　　　　羽

5 つるとかめとかぶとむしが合わせて **30** います。かぶとむしはかめより **6** ぴき多くいます。

(1) 下の表を完成させなさい。

つる（羽）	24				
かめ（ひき）	0				
かぶとむし（ひき）	6	7	8	9	10
足の本数の合計（本）	84				

(2) かめが 1 ぴきふえると、足の本数の合計は何本ふえますか。

答え：　　　　　　　　**本**

(3) 足の本数の合計が 126 本のとき、かめは何ひきいますか。

【式】

答え：　　　　　　　　**ひき**

確認問題

問題1 (1) 解説を参照　　(2)　2本　　(3)　8ひき

(1).

つる（羽）	20	19	18	17	16
かめ（ひき）	0	1	2	3	4
足の本数の合計（本）	40	42	44	46	48

（かめ：+1ずつ、足の本数の合計：+2ずつ）

(2)　かめが1ぴきふえると、足の本数の合計は2本ふえます。

(3)　56 − 40 = 16（本）…かめが0ひきのときからふえる足の本数の合計

16 ÷ 2 = 8（ひき）

問題2 12ひき　　**問題1**を利用します。　(64 − 40) ÷ 2 = 12（ひき）

問題3 (1) 解説を参照　　(2)　10まい

(1)

10円玉（まい）	15	14	13	12	11
50円玉（まい）	0	1	2	3	4
合計金額（円）	150	190	230	270	310

（50円玉：+1ずつ、合計金額：+40ずつ）

(2)　50円玉が1まいふえると、合計金額は40円ふえます。

(550 − 150) ÷ (50 − 10) = 10（まい）

問題4 (1)　300円　　(2)　10円玉 16まい、50円玉 14まい

(1)　10 × 30 = 300（円）

(2)

10円玉（まい）	30	29	28	27	…	
50円玉（まい）	0	1	2	3	…	
合計金額（円）	300	340	380	420	…	860

（50円玉：+1ずつ、合計金額：+40ずつ）

(860 − 300) ÷ 40 = 14（まい）…50円玉のまい数

30 − 14 = 16（まい）

> 50円玉が1まいふえると合計金額が40円ずつふえています

1 **7ひき**

4 × 10 = 40（本）… 10 ぴきすべてがさるのときの手足の合計の本数

さるが 1 ぴきへり、代_かわりにたこが 1 ぴきふえると手足の合計の本数は 4 本ふえます。

(68 − 40) ÷ 4 = 7（ひき）

2 **6本**

1000 − 320 = 680（円）… えんぴつとボールペン合計の代金_{だいきん}

100 × 8 = 800（円）… 8 本すべてがボールペンのときの合計の代金_{だいきん}

ボールペンが 1 本へり、代_かわりにえんぴつが 1 本ふえると合計の代金_{だいきん}は 20 円へります。

(800 − 680) ÷ 20 = 6（本）

3 **6問_{もん}**

2 分 = 120 秒_{びょう}

120 ÷ 5 = 24（秒_{びょう}）… やさしい問題_{もんだい} 1 問_{もん}にかかる時間

120 ÷ 3 = 40（秒_{びょう}）… むずかしい問題_{もんだい} 1 問_{もん}にかかる時間

24 × 21 = 504（秒_{びょう}）… 21 問_{もん}すべてがやさしい問題_{もんだい}のときのかかる時間の合計

やさしい問題_{もんだい}が 1 問_{もん}へり、代_かわりにむずかしい問題_{もんだい}が 1 問_{もん}ふえると時間の合計は 16 秒_{びょう}ふえます。

10 分 = 600 秒_{びょう} 　(600 − 504) ÷ 16 = 6（問_{もん}）

4 **2羽**

104 − 6 × 10 = 44（本）… つるとかめの足の本数の合計

22 − 10 = 12 … つるとかめの合計

4 × 12 = 48（本）… 12 すべてがかめのときの足の本数の合計

かめが 1 ぴきへり、代_かわりにつるが 1 羽ふえると足の本数の合計は 2 本へります。

(48 − 44) ÷ 2 = 2（羽）

5 **(1)　解説_{かいせつ}を参照_{さんしょう}　　(2)　6本　　(3)　7ひき**

(1)

つる（羽）	24	22	20	18	16
かめ（ひき）	0	1	2	3	4
かぶとむし（ひき）	6	7	8	9	10
足の本数の合計（本）	84	90	96	102	108

(2)　かめが 1 ぴきふえるとかぶとむしも 1 ぴきふえ、代_かわりにつるが 2 羽へります。　　4 + 6 − 2 × 2 = 6（本）

(3)　(126 − 84) ÷ 6 = 7（ひき）

考える力をのばす問題 ⑤

問題1 32人のクラスで、いぬとねこのすききらいを調べて表にまとめました。

		いぬ		合計
		すき	きらい	
ねこ	すき			
	きらい		5人	8人
合計			12人	32人

(1) いぬが好きな人は何人いますか。

【式】

答え： 　　　　　　人

(2) いぬはすきだがねこはきらいな人は何人いますか。

【式】

答え： 　　　　　　人

(3) いぬとねこの両方がすきな人は何人いますか。

【式】

答え： 　　　　　　人

問題2 36人のクラスで、いぬとねこのすききらいを調べたところ、いぬがすきな人が26人、ねこがすきな人が30人、いぬとねこの両方がきらいな人は4人でした。いぬとねこの両方がすきな人は何人いますか。

【式や考え方】

答え：　　　　　　　　　人

小3⑤　答えとせつ明

問題1 (1) 20人　(2) 3人　(3) 17人
(1) 表のオです。32 − 12 = 20（人）
(2) 表のエです。8 − 5 = 3（人）
(3) 表のアです。20 − 3 = 17（人）
※ 他の式でも表の見方が正しければ正解です。

		いぬ		合計
		すき	きらい	
ねこ	すき	ア	イ	ウ
	きらい	エ	5人	8人
合計		オ	12人	32人

問題2 24人
右の表のように整理できます。
36 − 30 = 6（人）…エ
6 − 4 = 2（人）…ウ
26 − 2 = 24（人）…ア
※ 他の式でも表の見方が正しければ正解です。

		いぬ		合計
		すき	きらい	
ねこ	すき	ア	イ	30人
	きらい	ウ	4人	エ
合計		26人	オ	36人

おうちの方へ

集合算です。
問題1 では表のつくりや読み取り方を、問題2 では自分で表を書いて考えることを教えてください。なお、「ベン図」を用いた考え方でも正解としてください。

□を使って考える問題

〜分配算・倍数算〜

れい題1 春子さんと夏子さんが持っているおはじきは全部で24こで、春子さんは夏子さんよりも6こ多いです。

(1) 夏子さんが持っているおはじきを□ことして、このことを□を使った式に表しなさい。

(2) 夏子さんが持っているおはじきは何こですか。

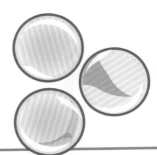

せつ明

(1) 春子さんが持っているおはじきは、夏子さん（□こ）よりも6こ多いです。

「春子さんと夏子さんが持っているおはじきの和が24こ」を線分図に表すと右のようになります。

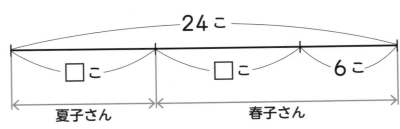

答え：　□×2＋6＝24（または□＋□＋6＝24）

(2)　24－6＝18

$$□×2＋6＝24$$
$$□×2＝18$$
$$□＝18÷2＝9（こ）$$

答え：　**9こ**

れい題2 秋子さんと冬子さんが持っているおはじきは全部で24こで、秋子さんは冬子さんの3倍です。

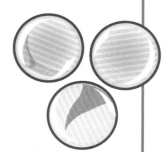

（1）冬子さんが持っているおはじきを□ことして、このことを□を使った式に表しなさい。

（2）冬子さんが持っているおはじきは何こですか。

せつ明

（1）秋子さんが持っているおはじきは、□×3こです。

「秋子さんと冬子さんが持っているおはじきの和が24こ」を線分図に表すと下のようになります。

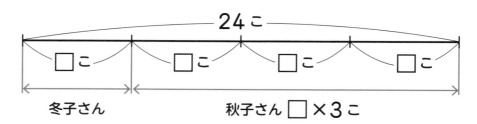

24こ

□こ　□こ　□こ　□こ

冬子さん　　　秋子さん □×3こ

答え：□＋□×3＝24

（または □×4＝24、□＋□＋□＋□＝24）

（2）□＋□×3＝24

□×1＋□×3＝□×4

□×4＝24

□＝24÷4＝6（こ）

答え： **6こ**

🏠 **おうちの方へ**

ここでは「□を使った式」を学習します。 れい題1 は□を使わなくても解けますが、 れい題2 の導入として□を使うように教えてください。また、 れい題2 ではかけ算（例：5＋5×3＝5×4）の応用となる「分配のきまり」も用います。わかりくいときは、 せつ明 （1）の線分図を見て考えるように教えてください。

問題 1 春子さんと夏子さんが持っているみかんは全部で 10 こで、春子さんは夏子さんよりも 2 こも多いです。

(1) 夏子さんが持っているみかんを □ ことします。下の線分図の ┆┄┄┆ にあてはまる数を書きなさい。

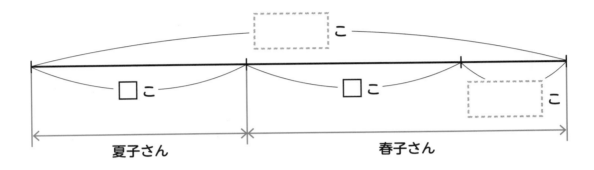

(2) このことを □ を使った式に表しました。 ☐ にあてはまる数を書きなさい。

$$□ × \boxed{} + \boxed{} = 10$$

(3) 夏子さんが持っているみかんは何こですか。

【式】

$$10 - \boxed{} = \boxed{}$$

$$\boxed{} ÷ \boxed{} = \boxed{}$$

答え： _____ こ

問題2 秋子さんと冬子さんが持っているりんごは全部で15こで、秋子さんは冬子さんの2倍です。

（1）　冬子さんが持っているりんごを □ ことします。下の線分図の ┆┄┄┄┆ に あてはまる数を書きなさい。

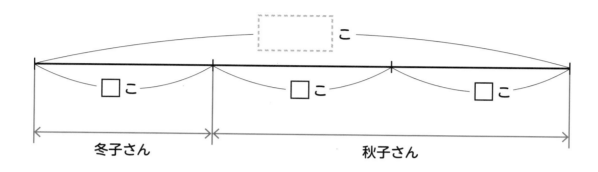

（2）　このことを □ を使った式に表しました。□ にあてはまる数を書き なさい。

$$\square \times \boxed{} = 15$$

（3）　冬子さんが持っているりんごは何こですか。

【式】

答え：_____こ

1 一郎さんと二郎さんは合わせて 1000 円持っています。一郎さんは二郎さんより 200 円も少ないです。

(1) 二郎さんが持っているお金を □ 円とします。下の線分図の ⌐¬ にあてはまる数を書きなさい。

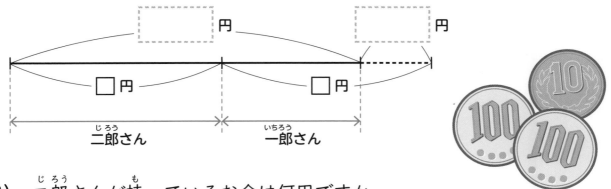

(2) 二郎さんが持っているお金は何円ですか。

【式】

答え：　　　　　　　円

2 三郎さんは四郎さんよりも 200 円多くお金を持っています。また、三郎さんは四郎さんの 3 倍です。

(1) 四郎さんが持っているお金を □ 円とします。下の線分図の ⌐¬ にあてはまる数を書きなさい。

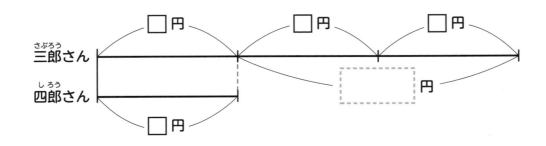

(2)　四郎さんが持っているお金は何円ですか。

【式】

答え：　　　　　　　円

3　一郎さん、二郎さん、三郎さんの 3 人は全部で 60 このビー玉を持っています。一郎さんは二郎さんよりも 4 こ多く、二郎さんは三郎さんよりも 8 こ少ないです。

(1)　二郎さんが持っているビー玉を □ ことします。下の線分図の ☐ にあてはまる数を書きなさい。

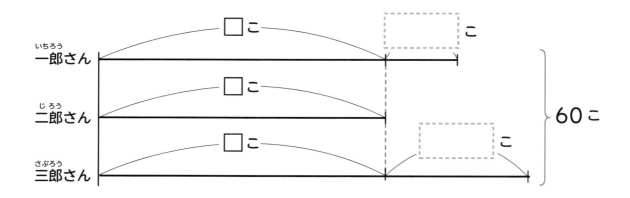

(2)　一郎さんが持っているビー玉は何こですか。

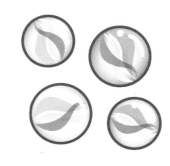

【式】

答え：　　　　　　　こ

4 春子さん、夏子さん、秋子さんの 3 人は全部で 40 このおはじきを持っています。春子さんは夏子さんの 2 倍、夏子さんは秋子さんの 3 倍です。

（1）　秋子さんが持っているおはじきを □ ことします。春子さんの線分図をかきなさい。

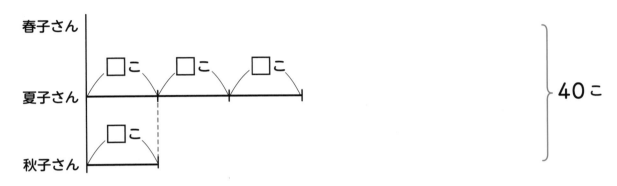

（2）　秋子さんが持っているおはじきは何こですか。

【式】

答え：　　　　　　　　こ

問題1　（1）　解説を参照　　（2）　解説を参照　　（3）　4こ
（1）

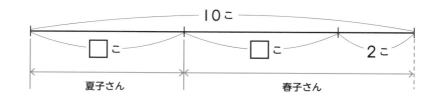

（2）　線分図で、□2つ分と2この合計が10こに等しいです。

$$\square \times 2 + 2 = 10$$

（3）　10 − 2 = 8（こ）　　8 ÷ 2 = 4（こ）

問題2　（1）　解説を参照　　（2）　解説を参照　　（3）　5こ
（1）

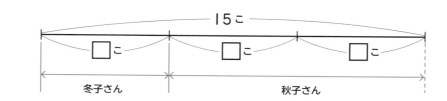

（2）　$\square \times 3 = 15$　　（3）　15 ÷ 3 = 5（こ）

1　（1）　解説を参照　　（2）　600円
（1）

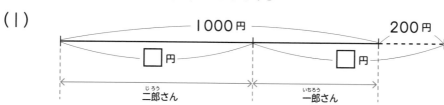

（2）　1000 + 200 = 1200（円）　$\square \times 2 = 1200$　1200 ÷ 2 = 600（円）
※「$\square \times 2 = 1200$」の式はなくても正解です。

2 (1)　200　　(2)　100 円

(2)　□ × 2 = 200　　200 ÷ 2 = 100 （円）

※ 「□ × 2 = 200」の式はなくても正解です。

3 (1)　解説を参照　　(2)　20 こ

(1)

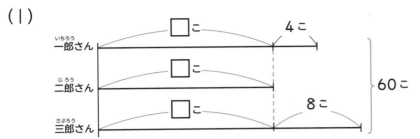

(2)　60 − (4 + 8) = 48 （こ）

　　□ × 3 = 48

　　48 ÷ 3 = 16 （こ）

　　16 + 4 = 20 （こ）

※ 「□ × 3 = 48」の式はなくても正解です。

4 (1)　解説を参照　　(2)　4 こ

(1)

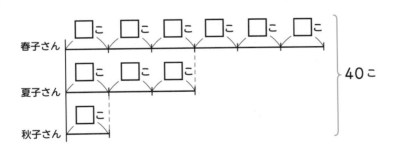

(2)　□ × (6 + 3 + 1) = 40

　　□ × 10 = 40

　　40 ÷ 10 = 4 （こ）

※ 「□ × (6 + 3 + 1) = 40」、「□ × 10 = 40」の式はなくても正解です。

考える力をのばす問題 ⑥

問題1 太郎さんのお母さんは、太郎さん、弟、妹の3人にアメをわたしました。太郎さんは弟の3倍をもらいました。弟は妹の2倍よりも1こ多くもらいました。3人がもらったアメは全部で22こでした。

(1) 妹がもらったアメを □ ことします。太郎さんの線分図をかきなさい。

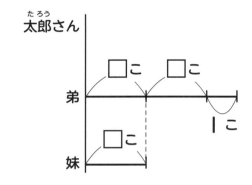

(2) 妹がもらったアメは何こですか。

【式】

答え：　　　　　　　　こ

問題2 春子さんは、ある年の1月1日から毎月1日に、金額を100円ずつふやしながら貯金をしました。すると、12月31日には貯金が全部で9000円になっていました。1月1日に貯金する金額を □ 円として、次の問いに答えなさい。

(1) 12月1日に貯金する金額を □ を使った式で表しなさい。

【式】

答え：　　　　　　　　（円）

(2) １月１日に貯金した金額は何円ですか。

【式】

答え: ⎽⎽⎽⎽⎽⎽⎽⎽⎽⎽⎽ 円

小3 ⑥ 　　　　答えとせつ明

問題1 (1) 　線分図は解説を参照　　(2) 　２こ
(1)

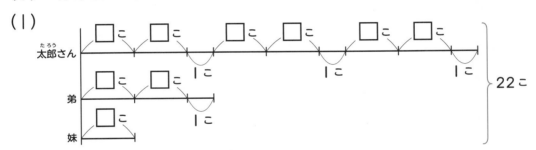

(2) 　□×９＋４＝22　　22－４＝18　　18÷９＝２

問題2 (1) 　□＋1100（円）（または□＋100×11（円））　　(2) 　200円
(1) 　100×11＝1100（円）
(2) 　□＋□＋100＋□＋200＋□＋300＋□＋400＋
□＋500＋□＋600＋□＋700＋□＋800＋□＋900＋
□＋1000＋□＋1100＝9000　（□＋□＋1100）×６
＝9000　　9000÷６＝1500（円）
（1500－1100）÷２＝200（円）

🏠 おうちの方へ

問題1 は練習問題の応用です。太郎さんの線分図が「□２つと１こ」が３つ分になることを表しているものは
全て正解としてください。 問題2 は「考える力をのばす問題①」の応用です。１月と12月、２月と11月、…
のように組み合わせると「□２つと1100円」が６組できることを教えてください。他の工夫の仕方でも考え
方が正しければ正解としてください。

長い文章の問題
～やりとり算～

れい題1 おはじきを春子さんは12こ、夏子さんは15こ、秋子さんは9こ持っていました。はじめに、春子さんが夏子さんにおはじきを4こわたしました。次に、夏子さんが秋子さんにおはじきを6こわたしました。最後に秋子さんが春子さんにおはじきを何こかわたしたので、秋子さんのおはじきは12こになりました。今、春子さんは何このおはじきを持っていますか。

せつ明 やりとりの様子を「流れ図」をかいて整理します。

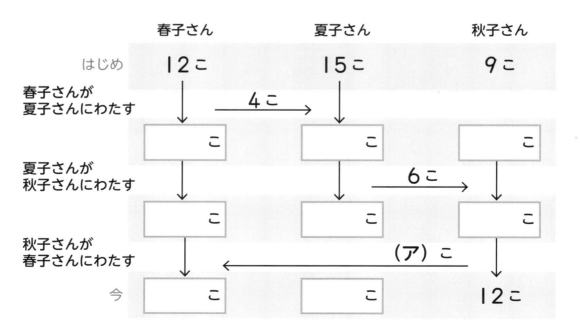

	春子さん	夏子さん	秋子さん
はじめ	12こ	15こ	9こ
春子さんが夏子さんにわたす ← 4こ →	□こ	□こ	□こ
夏子さんが秋子さんにわたす ← 6こ →	□こ	□こ	□こ
秋子さんが春子さんにわたす ← (ア)こ			
今	□こ	□こ	12こ

図の ☐ にあてはまる数をかきます。

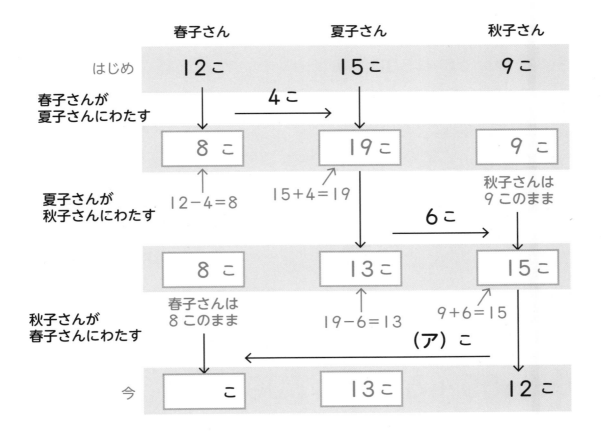

$$15 - 12 = 3 \quad \cdots (ア)$$

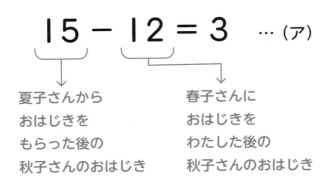

$$8 + 3 = 11$$

答え： **11こ**

※「秋子さんは、はじめおはじきを 9 こ持っていましたが、今は 12 こですから、はじめよりも 12 − 9 = 3 (こ) ふえています。夏子さんからもらったおはじきが 6 こなので、春子さんにわたしたおはじきは 6 − 3 = 3 (こ)」のようにして、(ア) をもとめることもできます。

れい題2 一郎さん、二郎さん、三郎さんの3人は動物園に行きました。一郎さんは3人分のバス代の360円をはらいました。二郎さんは3人分の入園料の600円をはらいました。三郎さんは3人分のおやつ代の540円をはらいました。はらったお金が同じになるようにするには、だれがだれに何円わたせばよいですか。できるだけむだのないわたし方を答えなさい。

せつ明 かかったお金の合計を3等分すると、1人分のお金がわかります。

$$360 + 600 + 540 = 1500$$ …かかったお金の合計は1500円

$$1500 ÷ 3 = 500$$ …1人分のお金は500円

一郎さんがはらった3人分のバス代は500円より少なく、二郎さんがはらった3人分の入園料、三郎さんがはらった3人分のおやつ代は500円より多いので、一郎さんが二郎さんと三郎さんにお金をわたせば、それぞれがはらったお金が同じになります。

$$600 - 500 = 100$$ …一郎さんは二郎さんに100円をわたします

$$540 - 500 = 40$$ …一郎さんは三郎さんに40円をわたします

答え： 一郎さんが二郎さんに100円、三郎さんに40円をわたす。

🏠 おうちの方へ

ここでは「やりとり算」を学習します。

れい題1 では「流れ図（フローチャートと説明する塾もあります）」を使うとやりとりの様子がわかりやすくなることを、れい題2 で「やりとりをしても和が変わらない」ことを教えてください。

問題 1

みかんを春子さんは 6 こ、夏子さんは 8 こ、秋子さんは 7 こ持っていました。はじめに春子さんが夏子さんに何こかのみかんをわたし、次に夏子さんが秋子さんに何こかのみかんをわたし、最後に秋子さんが春子さんにみかんを 5 こわたすと、3 人の持っているみかんの個数が同じになりました。春子さんが夏子さんにわたしたみかんは何こですか。下の流れ図の □ にあてはまる数を書いて考えましょう。

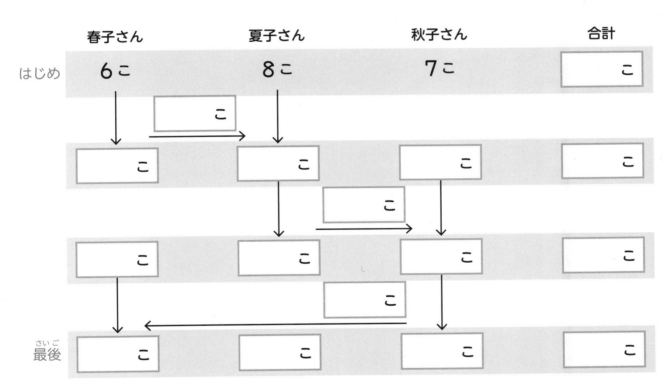

【式や考え方】

答え：　　　　　　こ

1 一郎さんと二郎さんと三郎さんは、それぞれりんごを同じだけ持っています。はじめに一郎さんが二郎さんに何こかをわたし、次に二郎さんが三郎さんに 5 こわたし、最後に三郎さんが一郎さんに何こかわたすと、一郎さんのりんごは 12 こ、二郎さんのりんごは 8 こ、三郎さんのりんごは 10 こになりました。

（1） 下の流れ図の ☐ にあてはまる数を書いて、三郎さんが一郎さんにわたしたりんごの個数をもとめなさい。（ ☐ に数を書いてもかまいません。）

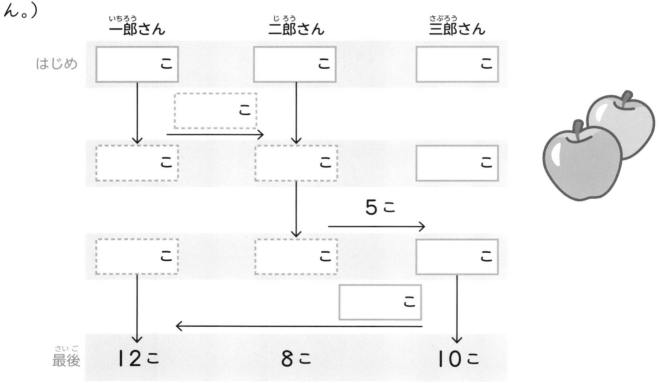

答え：　　　　　こ

（2） 一郎さんが二郎さんにりんごをわたすと、一郎さんが持っているりんごは何こになりましたか。

【式】

答え：　　　　　こ

2 春子さん、夏子さん、秋子さんの３人は水族館に行きました。春子さんは３人分の電車代(でんしゃだい)をはらいました。夏子さんは３人分の入館料(にゅうかんりょう)をはらいました。秋子さんは３人分の昼食代(ちゅうしょくだい)の600円をはらいました。その後、春子さんが夏子さんに300円をわたすと、３人のはらったお金がすべて同じになりました。

(1) ３人が水族館(すいぞくかん)に行くのにかかったお金の合計は何円ですか。

【式】(しき)

答え：_____ 円

(2) １人分の入館料(にゅうかんりょう)は何円ですか。

【式】(しき)

答え：_____ 円

3[*] 花子さんと妹がそれぞれおはじきを持っています。はじめに花子さんが妹に、妹がそのときに持っていたおはじきと同じだけのおはじきをわたしました。次に妹が花子さんに、花子さんがそのときに持っていたおはじきと同じだけのおはじきをわたしました。すると2人が持っているおはじきは、どちらも20こになりました。

（1） 妹からおはじきをもらう前の花子さんのおはじきは何こでしたか。下の流れ図の▢にあてはまる数を書いてもとめなさい。（┈┈に数を書いてもかまいません。）

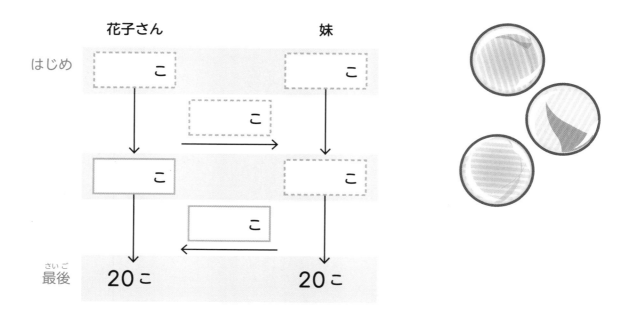

答え：　　　　　　こ
_____

（2） 花子さんがはじめに持っていたおはじきは何こですか。

【式】

答え：　　　　　　こ
_____

確認問題

問題1 流れ図は解説の図を参照、4こ

$6 + 8 + 7 = 21$（こ）… はじめに3人の持っていたみかんの合計

$21 \div 3 = 7$（こ）… 最後にそれぞれが持っているみかん

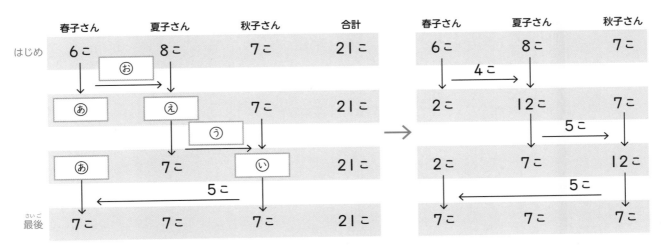

答えのれい1 あ＝2こ → い＝12こ → う＝5こ → え＝12こ → お＝4こ

答えのれい2 あ＝2こ → お＝4こ

練習問題

1 （1） 流れ図は解説を参照、5こ 　　（2） 7こ

（1） $12 + 8 + 10 = 30$（こ）… 最後に3人が持っているリンゴの合計

$30 \div 3 = 10$（こ）… はじめにそれぞれが持っていたりんご

三郎さんは、二郎さんからりんごを5こもらう前が10こ、一郎さんにりんごをわたした後も10こで数が同じですから、三郎さんが一郎さんにわたしたりんごの数は5こです。

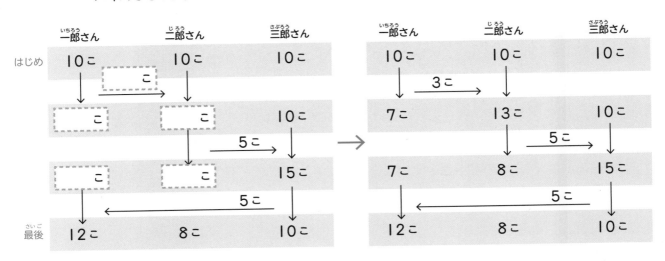

(2) 12 − 5 = 7（こ）（他_{ほか}に、30 − {8 ＋（10 ＋ 5）} = 7（こ）なども

正解_{せいかい}です。）

2 （1）　1800 円　　（2）　300 円

（1）　秋子さんがはらったお金ははじめから最後_{さいご}まで 600 円のままですから、
1 人分のかかったお金は 600 円です。
600 × 3 = 1800（円）

（2）　夏子さんがはらったお金がかかった 1 人分よりも多かったので春子さん
から 300 円もらいました。
600 ＋ 300 = 900（円）… 夏子さんがはらった 3 人分の入館料_{にゅうかんりょう}
900 ÷ 3 = 300（円）

3 （1）　10 こ　　（2）　25 こ

（1）

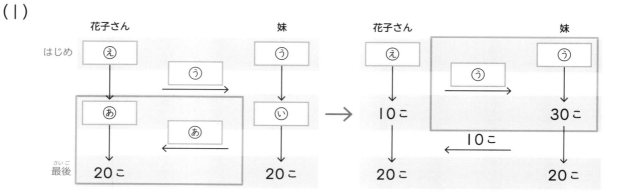

流_{なが}れ図_ず（左）の □ に着目_{ちゃくもく}します。
花子さんは持_もっているおはじきと同じだけのおはじきを妹からもらって
20 こになりましたから、あ＋あ = 20（こ）とわかります。
20 ÷ 2 = 10（こ）…あ

（2）　20 ＋ 10 = 30（こ）…い
流_{なが}れ図_ず（右）の □ に着目_{ちゃくもく}します。
妹は持_もっているおはじきと同じだけのおはじきを花子さんからもらって
30 こになりましたから、う＋う = 30（こ）とわかります。
30 ÷ 2 = 15（こ）…う
10 ＋ 15 = 25（こ）…え

問題1 1組、2組、3組、4組の4つの組がそれぞれの組とドッジボールの試合を1回ずつしました。そのときの結果について、次の（ア）～（エ）のことがわかっています。

（ア）　1組は4組に負けました。
（イ）　1組は3組に勝ちました。
（ウ）　4組は2組に負けました。
（エ）　試合に勝った数が同じ組はありませんでした。

（1）　（ア）のことを、右の表のように書きました。（イ）、（ウ）のことを、この表の中に書きなさい。

（2）　右の表のすべての空らんに〇、×を書いて、表を完成させなさい。

	試合をした相手の組			
	1組	2組	3組	4組
1組				×
2組				
3組				
4組	〇			

問題2 図1は、1から9までの9つの数を9つのマスに1つずつ書いたもので、たて、横、ななめのどの3つの数の和も15になっています。
図2も、たて、横、ななめの3つの数の和がどれも同じになるようにします。

2	9	4
7	5	3
6	1	8

図1

12		6
9	（ア）	

図2

（1）（ア）にあてはまる数をもとめなさい。

答え：＿＿＿＿＿＿＿＿＿

（2）図2を完成させなさい。

12		6
9		

答え：

問題1 （1）（2）解説の図を参照

	試合をした相手の組			
	1組	2組	3組	4組
1組			○	×
2組				○
3組	×			
4組	○	×		

→

	試合をした相手の組			
	1組	2組	3組	4組
1組		×	○	×
2組	○		○	○
3組	×	×		×
4組	○	×	○	

問題2 （1）15 （2）解説の図を参照

（1）（ア）＋6＋★＝12＋9＋★ → （ア）＝15

12		6
9	(ア)	
★		

→

12		6
9	15	(イ)
		☆

→

12		6
9	15	21

和45

→

12	27	6
9	15	21
24	3	18

（2）（イ）＋6＋☆＝12＋15＋☆ → （イ）＝21

🏠 おうちの方へ

問題1 は「順位表」を利用します。場合分けをして調べることを教えてください。
問題2 の「魔方陣」は和が等しい3つの数に共通するマス（★、☆）に着目させます。

長さ

～長さの単位・道のり～

れい題 1 まきじゃくを使って、おすもうさんの胸囲と木のみきの太さを測りました。

(1) おすもうさんの胸囲は何 cm 何 mm ですか。まきじゃくの図を見て答えなさい。

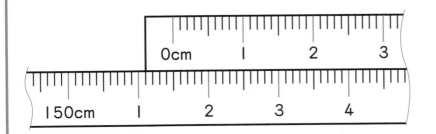

(2) 木のみきの太さは、おすもうさんの胸囲よりも 24cm8mm 小さいです。木のみきの太さは何 cm 何 mm ですか。

せつ明

(1) まきじゃくの「0cm」の目もりの真下の目もりを読み取ります。

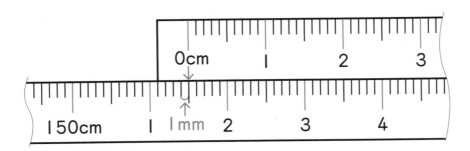

1cm は 1mm が 10 こ集まった長さです。

答え： **151cm 5mm**

5mm から 8mm はひけないので、1cm（10mm）をかります。

（2）　151cm 5mm − 24cm8mm

　　　＝150cm15mm − 24cm8mm

　　　＝126cm7mm

答え：**126cm 7mm**

れい題2　太郎さんは花子さんの家までかりていた本を返しに行きました。行きはポストの前を通り、帰りはふん水の前を通りました。道のりは全部で何 km 何 m ですか。

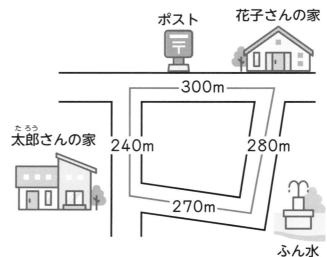

せつ明

240 ＋ 300 ＝ 540 … ポストの前を通る場合の道のり

280 ＋ 270 ＝ 550 … ふん水の前を通る場合の道のり

550 ＋ 540 ＝ 1090

1km ＝ 1000m なので、1090m ＝ 1km90m です。

答え：**1km 90m**

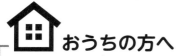 おうちの方へ

ここでは、巻尺の利用と長さの単位「km」を学習します。
れい題1 では目盛りの読み取り方、れい題2 では「道のり」が道にそって進むときの長さであることを教えてください。

答えとせつ明は、86 ページ

問題 1 まきじゃくのア〜ウの目もりを読み取りなさい。

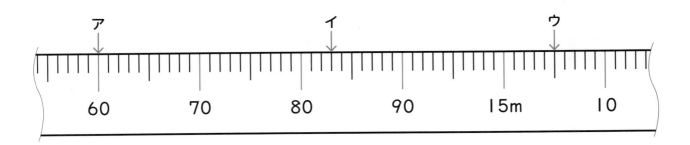

答え： ア ☐ m ☐ cm イ ☐ m ☐ cm ウ ☐ m ☐ cm

問題 2 次の ☐ にあてはまる数を書きなさい。

(1) 600m ＋ 800m ＝ ☐ m ＝ ☐ km ☐ m

(2) 1km － 200m ＝ ☐ m － 200m ＝ ☐ m

(3) 700m × 3 ＝ ☐ m ＝ ☐ km ☐ m

(4) 3km200m ÷ 8 ＝ ☐ m ÷ 8 ＝ ☐ m

問題3 太郎さんは家から駅まで自転車に乗っていきます。

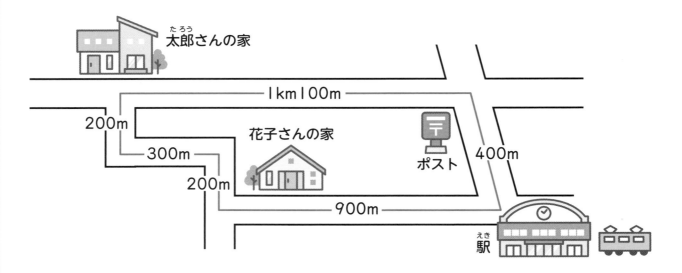

太郎さんの家

1km100m

200m

300m

200m

花子さんの家

900m

ポスト

400m

駅

(1) ポストの前を通る場合の道のりは何km何mですか。

【式】

答え：　　　km　　　　m

(2) 花子さんの家の前を通る場合の道のりは何km何mですか。

【式】

答え：　　　km　　　　m

(3) ポストの前を通る場合の道のりと、花子さんの家の前を通る場合の道のりとでは、どちらの道のりが何m長いですか。

【式】

答え：　　　　　　の前を通る場合の道のりが　　　m長い

1 花子さんが 1 歩で進む長さは 80cm です。

（1）　花子さんが家から公園まで歩くと 2000 歩でした。家から公園までの道のりは何 km 何 m ですか。

【式】

答え：　　　　km　　　　　　m

（2）　花子さんが運動場のトラックを 1 しゅうすると 1000 歩でした。トラック 3 しゅうの長さは何 km 何 m ですか。

【式】

答え：　　　　km　　　　　　m

（3）　花子さんの妹が（2）のトラックを 1 しゅうすると 1600 歩でした。花子さんの妹が 1 歩で進む長さは何 cm ですか。

【式】

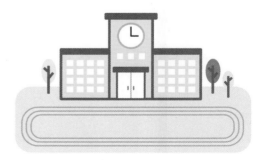

答え：　　　　　　　　　　cm

2 横の長さが 50cm の長方形の紙を、のりしろを 10cm にしてつないでテープを作ります。たとえば、2まいの紙をつないでできるテープの長さは 90cm です。

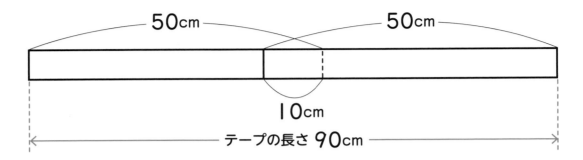

(1) 3まいの紙をつないでできるテープの長さは何 cm ですか。

【式】

答え：　　　　　　　cm

(2) 4まいの紙をつないでできるテープの長さは何 cm ですか。

【式】

答え：　　　　　　　cm

(3) 10m より長いテープを作ります。長方形の紙を何まい使いますか。できるだけ少ないまい数で答えなさい。

【式】

答え：　　　　　　　まい

3 小学校から太郎さんの家までの道のりと、小学校から花子さんの家までの道のりは、合わせて 2km です。また、ポストから太郎さんの家までの道のりは、ポストから花子さんの家までの道のりよりも 200m 長いです。

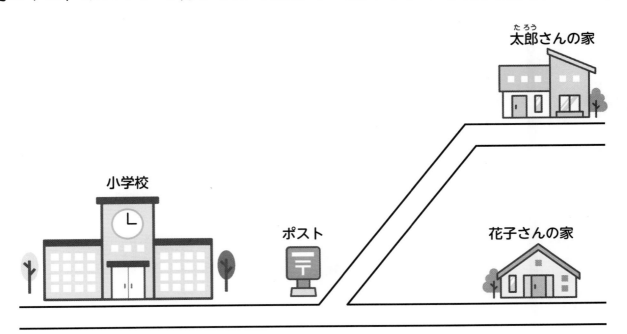

（1） 小学校から太郎さんの家までの道のりと、小学校から花子さんの家までの道のりは、どちらが何 m 長いですか。

答え：　　小学校から　　　　　さんの家までの方が　　　　m 長い

（2） 小学校から太郎さんの家までの道のりは何 km 何 m ですか。

【式】

答え：　　　　km　　　　　　m

小3 8   答えとせつ明

確認問題

問題1 ア 14m60cm   イ 14m83cm   ウ 15m5cm

まきじゃくの小さい目もりは、1目もりが1cmです。

問題2 (1) （順に）1400、1、400   (2) （順に）1000、800
(3) （順に）2100、2、100   (4) （順に）3200、400

問題3 (1) 1km500m   (2) 1km600m
(3) 花子さんの家の前を通る場合の道のりが100m長い

(1) 1km100m + 400m = 1km500m
(2) 200m + 300m + 200m + 900m = 1600m
1600m = 1km600m
(3) 1km600m − 1km500m = 100m

練習問題

1 (1) 1km600m   (2) 2km400m   (3) 50cm
(1) 80 × 2000 = 160000（cm） 160000cm = 1600m = 1km600m
(2) 80 × 1000 = 80000（cm） 80000cm = 800m
800 × 3 = 2400（m） 2400m = 2km400m
(3) 800m = 80000cm 80000 ÷ 1600 = 50（cm）

2 (1) 130cm   (2) 170cm   (3) 25まい
(1) 50 − 10 = 40（cm）…紙を1まいつないだときにふえるテープの長さ
50 + 40 ×（3 − 1）= 130（cm）

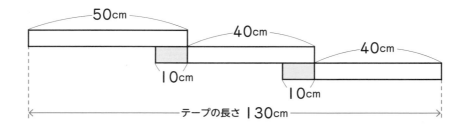

（べつの考え方）
50 × 3 = 150（cm）…3まいの紙を重ねずにならべたときのテープの長さ

$3 - 1 = 2$（か所）… 3まいの紙をつないだときののりしろの数

$10 \times 2 = 20$（cm）… 3まいの紙をつないだときののりしろの長さの合計

$150 - 20 = 130$（cm）

(2)　$50 + 40 \times (4 - 1) = 170$（cm）

（べつの考え方）

$50 \times 4 = 200$（cm）… 4まいの紙を重ねずにならべたときのテープの長さ

$4 - 1 = 3$（か所）… 4まいの紙をつないだときののりしろの数

$10 \times 3 = 30$（cm）… 4まいの紙をつないだときののりしろの長さの合計

$200 - 30 = 170$（cm）

(3)　$10m = 1000cm$

$1000 - 50 = 950$（cm）… 紙が1まいのときからふえたテープの長さ

$950 \div 40 = 23$（まい）あまり 30（cm）

1まい目の紙に23まいの紙をつなぐと、あと30cmでテープの長さが10mになります。

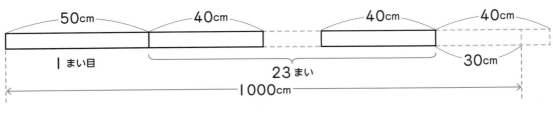

$1 + 23 + 1 = 25$（まい）

3　(1)　小学校から太郎さんの家までの方が 200m 長い

　　(2)　1km100m

(1)　小学校からポストまでは同じ道を通るので、小学校から2人の家までの道のりの差は、ポストから2人の家までの道のりの差の200mと同じです。

(2)　$2km = 2000m$… 小学校から2人の家までの道のりの和

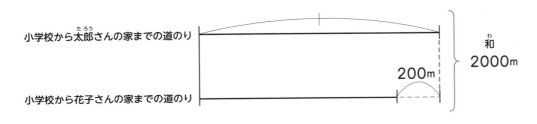

$2000 + 200 = 2200$（m）… 2つ分

$2200 \div 2 = 1100$（m）　$1100m = 1km100m$

考える力をのばす問題 8

問題1 うさぎさんは 40m を 2 秒で走ります。かめさんは 2m を 20 秒で走ります。

(1) うさぎさんとかめさんが 100m 競走をすると、どちらが何秒早くゴールしますか。

【式】

答え：　　　　さんが　　　　　秒早くゴールする

(2) うさぎさんとかめさんがさくらの木の下から同じ道を 10 秒走りました。進んだ道のりの差は何 m ですか。

【式】

答え：　　　　　　　　　　　m

問題2 おまわりさんがどろぼうを追いかけます。どろぼうにできるだけ早く追いつくためには、次の 3 つの乗り物のうちのどれを使うとよいですか。答えをえらんで、◯でかこみなさい。

電動アシスト自転車
30分で12km進む

白バイ
1時間で40km進む

パトカー
2秒で30m進む

【式・考え方】

答え： 電動アシスト自転車 ・ 白バイ ・ パトカー

小3⑧　答えとせつ明

問題1 (1) うさぎさんが995秒早くゴールする　　(2) 199m

(1)　40 ÷ 2 = 20（m）… うさぎさんが1秒で進む道のり

100 ÷ 20 = 5（秒）… うさぎさんが100mを進むのにかかる時間

100 ÷ 2 = 50 … 100mは2mの50倍

20 × 50 = 1000（秒）… かめさんが100mを進むのにかかる時間

1000 − 5 = 995（秒）

(2)　20 × 10 = 200（m）… うさぎさんが10秒で進む道のり

20 ÷ 10 = 2 … 20秒は10秒の2倍

2 ÷ 2 = 1（m）… かめさんが10秒で進む道のり

200 − 1 = 199（m）

問題2 パトカー

60 ÷ 30 = 2

12 × 2 = 24（km）… 電動アシスト自転車が1時間で進む道のり

60 × 60 = 3600（秒）

3600 ÷ 2 = 1800　　30 × 1800 = 54000（m）

54000m = 54km … パトカーが1時間で進む道のり

🏠 **おうちの方へ**

問題1 で、かめさんが1秒に 2 ÷ 20 = 0.1（m）進むことを用いても構いません。

問題2 でも、白バイが1分に 40 ÷ 60 = $\frac{2}{3}$（km）進むことを用いても構いません。いずれも、お子様の計算の知識に合わせて教えてください。

円と球

れい題1

大きい円を1つと同じ大きさの小さい円を2つかきました。イは大きい円の中心、アとウは小さい円の中心です。

(1) 大きい円の直径が 20cm のとき、小さい円の直径は何 cm ですか。

(2) 小さい円の半径が 3cm のとき、大きい円の半径は何 cm ですか。

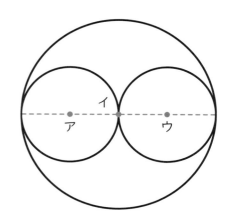

せつ明

(1) 「直径」は円の中心を通り、円のまわり（「円周」といいます）から円のまわりまでを結ぶ直線です。

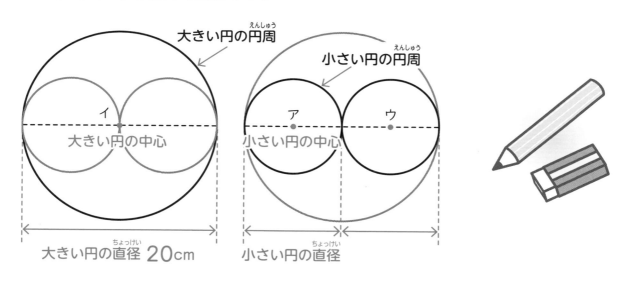

上の図で、小さい円の直径の2つ分は大きい円の直径と等しい長さです。

20 ÷ 2 = 10

答え： 10cm

(2) 「半径」は円の中心と
円のまわりを結ぶ直線で、直
径の半分の長さです。

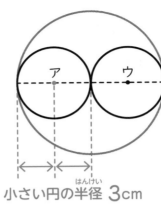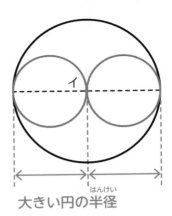

小さい円の半径 3cm　　大きい円の半径

右の図で、小さい円の半径の
2つ分は大きい円の半径と等
しい長さです。

3 × 2 = 6

答え：　**6cm**

れい題2　右の図は球を半分に切ったもので、アは球の中心です。

(1)　切り口の形の名前を答えなさい。

(2)　イの長さは何 cm ですか。

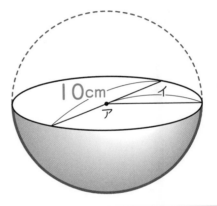

せつ明

(1)　球はどこから見ても円に見える形で、どこを切っても切り口は円です。

答え：　　円

(2)　イは球の半径で、直径の半分の長さです。

10 ÷ 2 = 5

答え：　**5cm**

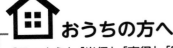　おうちの方へ
「円の中心」「半径」「直径」「円周」という用語が正確に使えるように教えてください。

答えとせつ明は、97 ページ

問題 1 次の ☐ にあてはまる言葉を書きなさい。

（1） コンパスで円をかいたとき、はりをさした点を円の ☐ といいます。

（2） 円の中心から円周までかいた直線を円の ☐ といいます。

（3） 円や球の ☐ は、 ☐ の 2 倍の長さです。

問題 2 右の図のように、大きい円の中に同じ大きさの小さい円を 3 つかきました。・は円の中心です。

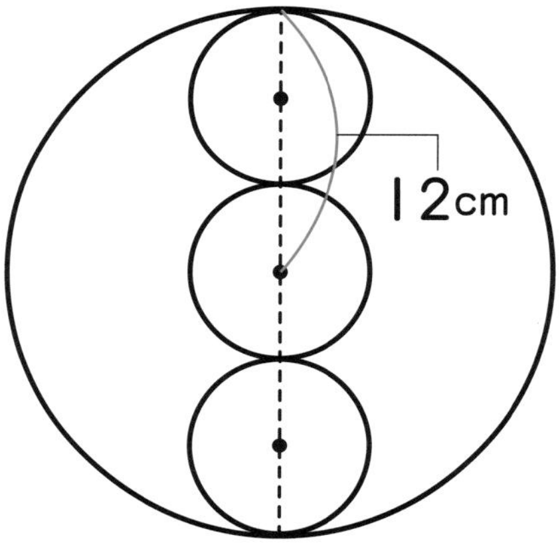

（1） 大きい円の直径は何 cm ですか。

【式】

答え： _____ cm

12cm

（2） 小さい円の半径は何 cm ですか。

【式】

答え： _____ cm

（3） 小さい円の直径は何 cm ですか。

【式】

答え： _____ cm

問題3 右の図のように、ガラスケースの中に同じ大きさの2つの球がぴったり入っています。ただし、ガラスの厚さは考えません。

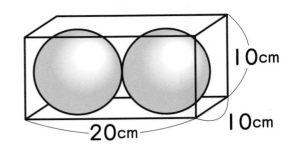

(1) 球の直径は何cmですか。

答え：　　　　　　cm

(2) これと同じ球3こを、べつのガラスケースの中に右の図のようにぴったり入れました。アの長さは何cmですか。ただし、ガラスの厚さは考えません。

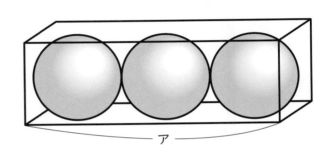

【式】

答え：　　　　　　cm

問題4 直径が6cmの球を、右の図のようにア、イ、ウの3か所でまっすぐに切ります。切り口の直径が6cmより短くなるのは、どこで切ったときですか。あてはまるものをすべてえらんで、ア～ウの記号で答えなさい。

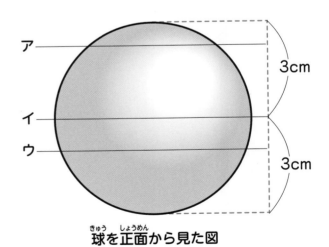

球を正面から見た図

答え：

1 図１は、おり紙にかいた半径 4cm の円を切ったものです。図２は、図１の紙をぴったり半分におって重ねたものです。図２の直線（太線）の名前とその長さを答えなさい。

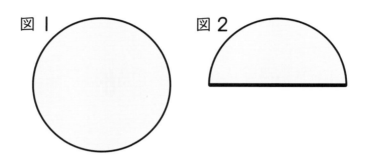

図１　　　図２

【式】

答え：　名前　　　　　　　、　長さ　　　　　cm

2 右の図のように、正方形の中に半径 3cm の円がぴったり入っています。アは円の中心です。

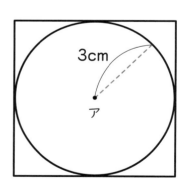

3cm

ア

（１）　円の直径は何 cm ですか。

【式】

答え：　　　　　cm

（２）　正方形のまわりの長さは何 cm ですか。

【式】

答え：　　　　　cm

3 右の図のように、
同じ大きさの球 8 こ
をガラスケースの中に
ぴったり入れました。
ただし、ガラスの厚さ
は考えません。

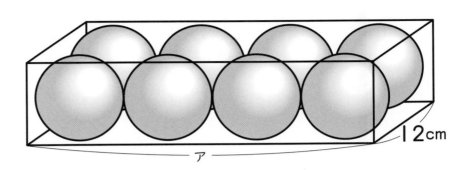

12cm

ア

(1)　球の直径は何 cm ですか。

【式】

答え：　　　　　 cm

(2)　図のアの長さは何 cm ですか。

【式】

答え：　　　　　 cm

4 同じ大きさの円を重ねてかきます。図の・は円の中心です。

(1)　図 1 は、同じ大きさの円を
4 こかいたもので、アの長さは
15cm です。円の半径は何 cm
ですか。

図 1

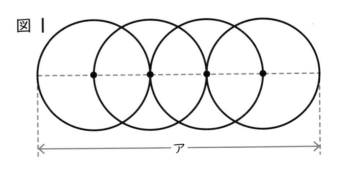

ア

【式】

答え：　　　　　 cm

(2) 図2は、直径9cmの円を7こかいたものです。イの長さは何cmですか。

図2

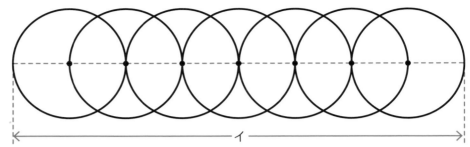

【式】

答え：　　　　　　cm

5[*] 図1のような単語カードのリングを、たるまないようにまっすぐにつなぎます。図2のように5このリングをつなぐと、つないだ長さは10cm4mmです。

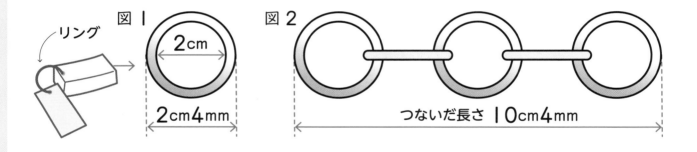

(1) 6このリングをつなぐと、つないだ長さは何cm何mmですか。

【式】

答え：　　　　　　cm　　　　　　mm

(2) 10このリングをつなぐと、つないだ長さは何cm何mmですか。

【式】

答え：　　　　　　cm　　　　　　mm

確認問題 ·· 小3⑨ 円と球

問題1 （1）　中心　　（2）　半径　　（3）　（順に）直径、　半径

問題2 （1）　24cm　　（2）　4cm　　（3）　8cm
（1）　大きい円の半径は12cmです。　12 × 2 = 24（cm）
（2）　小さい円の半径3つ分の長さが12cmです。12 ÷ 3 = 4（cm）
（3）　直径は半径の2倍です。4 × 2 = 8（cm）

問題3 （1）　10cm　　（2）　30cm
（1）　真上から見ると、球の直径が10cmとわかります。
（2）　10 × 3 = 30（cm）

（1）の図　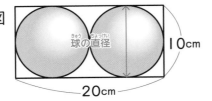　（2）の図　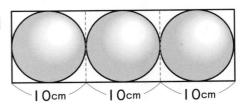

問題4 （1）　ア、ウ
イの切り口は直径が6cmの円です。ア、ウの切り口はそれよりも小さいです。

練習問題 ··

1 （1）　名前　直径、　長さ　8cm　　4 × 2 = 8（cm）

2 （1）　6cm　　（2）　24cm
（1）　3 × 2 = 6（cm）
（2）　右の図のように、円の直径と正方形の1つの辺の長さは同じです。6 × 4 = 24（cm）

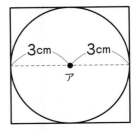

3 （1）　6cm　　（2）　24cm
（1）　12 ÷ 2 = 6（cm）
（2）　6 × 4 = 24（cm）

4 (1) 3cm (2) 36cm

(1) アは、円の半径5つ分の長さです。 15 ÷ 5 = 3（cm）

(2) イは、円の直径4つ分の長さです。 9 × 4 = 36（cm）

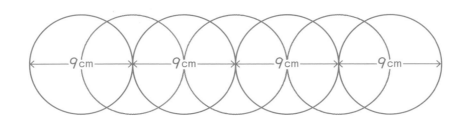

5 (1) 12cm4mm (2) 20cm4mm

(1) （2cm4mm − 2cm）÷ 2 = 2mm … リングの太さ

2cm4mm − 2mm × 2 = 2cm … リングを1こふやしたときにふえる
つないだ長さ

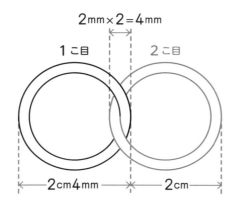

10cm4mm + 2cm = 12cm4mm

（べつの考え方）

つないだ長さは、両はしの2mmと赤い円の直径6つ分の和です。

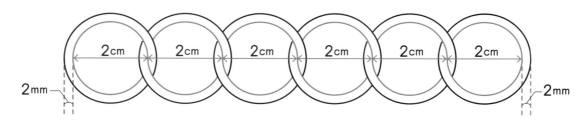

2mm + 2cm × 6 + 2mm = 12cm4mm

(2) 2cm4mm + 2cm × （10 − 1）= 20cm4mm

（べつの考え方）

2mm + 2cm × 10 + 2mm = 20cm4mm

小3⑨ 考える力をのばす問題 ⑨

問題 1 図1は、ふたと底が円になっている高さが14cmのつつで、ボール2こがぴったり入ります。図2は、図1のつつがたてに3つぴったり入る箱です。ただし、つつや箱の厚さは考えません。

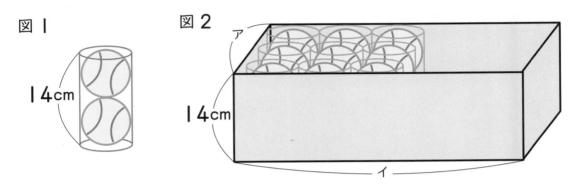

図1　14cm

図2　14cm　ア　イ

(1) ボールの直径は何cmですか。

【式】

答え：　　　　　　　cm

(2) アの長さは何cmですか。

【式】

答え：　　　　　　　cm

(3) 箱につつをすき間なくならべると、全部で36このボールが入ります。イの長さは何cmですか。

【式】

答え：　　　　　　　cm

問題2 ジュースのかんを上から見ると、直径が5cmの円に見えました。このジュースのかんにひもをたるまないように1まわりかけます。図1は1本のかんにひもをかけたもので、図2は4本のかんにひもをかけたものです。図2のひもの長さは、図1のひもよりも何cm長いですか。ただし、ひもの結び目の長さはや太さは考えません。

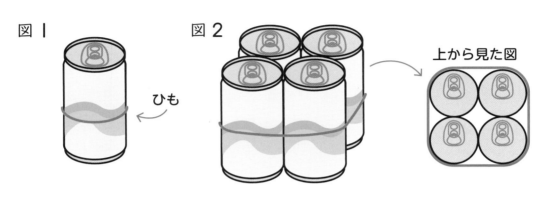

図1　　図2　　　　　　　　　　　　　　上から見た図

ひも

【式】

答え：　　　　　　　　cm

小3⑨　　答えとせつ明

問題1 （1）　7cm　　（2）　21cm　　（3）　42cm

（1）　14 ÷ 2 = 7（cm）
（2）　7 × 3 = 21（cm）
（3）　36 ÷ 2 = 18（こ）… 箱に入るつつ
　　　18 ÷ 3 = 6（列）… 横にならぶつつ
　　　7 × 6 = 42（cm）

問題2 **20cm**

図2のひもは、図1のひもよりも右の図の赤線の部分だけ長いです。

5 × 4 = 20（cm）

5cm

5cm

おうちの方へ

問題1 、 問題2 は上から見た図で考えることを教えてください。

三角形

〜二等辺三角形・正三角形〜

れい題1 たての長さが 12cm、横の長さ 18cm の長方形の紙を、図1のようにぴったり半分に折って重ね、さらに点線を折り目にしております。次に図2のように折った紙を広げ、図3のように色をつけました。

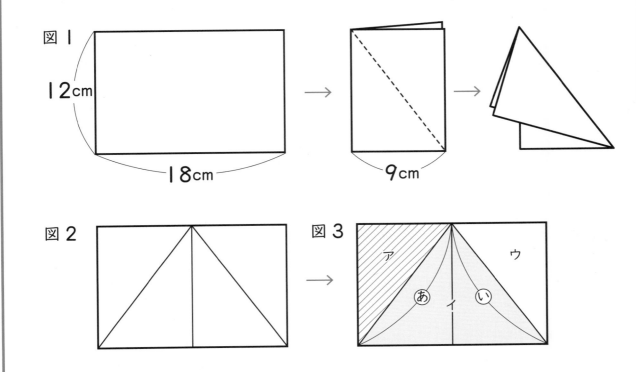

(1) 図形ア（しゃ線部分）の名前は何ですか。

(2) 形と大きさが図形アと同じ図形はどれですか。記号で答えなさい。

(3) 辺あの長さは 15cm です。辺いの長さは何 cm ですか。

(4) 図形イ（赤色部分）の名前は何ですか。

(1)　長方形の角は直角です。

　　　　　　　　　　　　　　　　　答え：　**直角三角形**

(2)　図3の紙を半分に折ると、図形アと図形ウはぴったり重なります。

　　　　　　　　　　　　　　　　　答え：　**ウ**

(3)　図形アと図形ウはぴったり重なりますから、辺㋐と辺㋑の長さは同じです。

　　　　　　　　　　　　　　　　　答え：　**15cm**

(4)　3つの辺の長さが ⌈15cm⌉ ⌈15cm⌉、18cm の三角形です。

　　↑　　　↑

　　2つの辺の長さが同じです

　　　　　　　　　　　　　　　　　答え：　**二等辺三角形**

れい題2　半径が 4cm の円を右の図のように3つかきました。ア、イ、ウは円の中心です。ア、イ、ウを直線で結んでできる三角形の名前は何ですか。

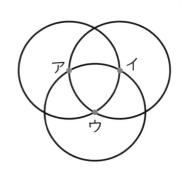

せつ明

アとイ、イとウ、ウとアを結んだ直線は円の半径なので、どれも 4cm で同じ長さです。

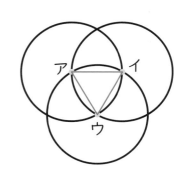

　　　　　　　　　　　　　　　　　答え：　**正三角形**

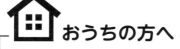 **おうちの方へ**

「合同」は5年生で学びます。ここでは「ぴったり重なる2つの図形は、重なる辺の長さや角の大きさが同じ」という点を教えてください。

問題 1 　コンパスと定規を使って三角形を 3 つかきました。

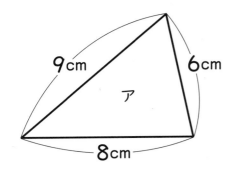 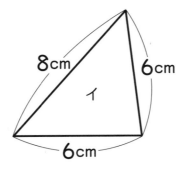 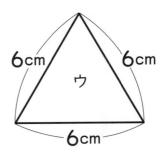

(1) 　3 つの角の大きさがみんな同じ三角形はどれですか。記号で答えなさい。

答え：＿＿＿＿＿＿＿＿＿＿＿

(2) 　2 つの角の大きさだけが同じ三角形はどれですか。記号で答えなさい。

答え：＿＿＿＿＿＿＿＿＿＿＿

問題 2 　長方形の紙を 2 つに折り、点線にそってはさみで切ります。

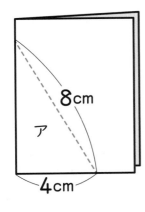 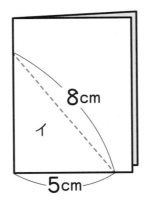 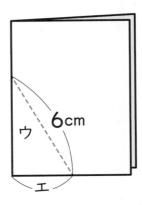

(1) 　アを広げてできる図形の名前は何ですか。

答え：＿＿＿＿＿＿＿＿＿＿＿

(2)　イを広げてできる図形の名前は何ですか。

答え：_____

(3)　ウを広げて正三角形にします。エの長さを何 cm にすればよいですか。

【式】

答え：_____　cm

問題3　下の図のように、はじめに点アを中心として半径 6cm の円をかきます。次に円周上の点イを中心として半径 6cm の円の一部をかき、はじめの円の円周と交わる点をウとします。さらに点ウを中心として半径 6cm の円の一部をかき、はじめの円の円周と交わる点をエとします。

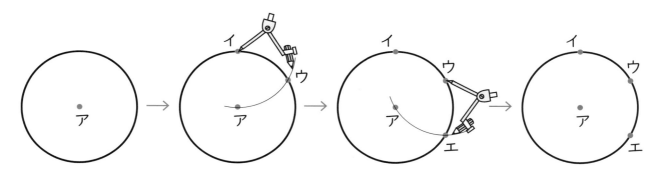

(1)　ア、イ、ウを直線で結んでできる三角形の名前は何ですか。

答え：_____

(2)　ア、イ、エを直線で結んでできる三角形の名前は何ですか。

答え：_____

1 算数のノートにア、イ、ウ、エの三角形をかきました。それぞれの名前を答えなさい。

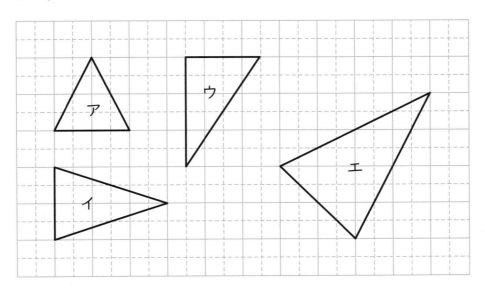

答え：　　ア　　　　　　　　　　　イ

　　　　　ウ　　　　　　　　　　　エ

2 右の図のように、半径が 10cm の円の中心と円周上の点を直線で結んで三角形をかきました。

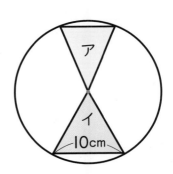

（1）　図形アの名前を答えなさい。

答え：

（2）　図形イの名前を答えなさい。

答え：

3 算数のノートに半径が同じ円を2つかきました。アとイは円の中心、ウとエは2つの円の円周が交わる点です。

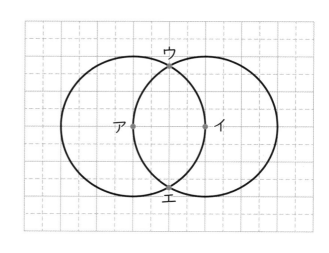

(1) ア、イ、ウを直線で結んでできる図形の名前を答えなさい。

答え：＿＿＿＿＿＿＿＿＿＿＿＿＿

(2) ア、ウ、エを直線で結んでできる図形の名前を答えなさい。

答え：＿＿＿＿＿＿＿＿＿＿＿＿＿

4 右の図は、直径30cmの円の中に直径10cmの円を7つかいたものです。図のア〜キは円の中心です。

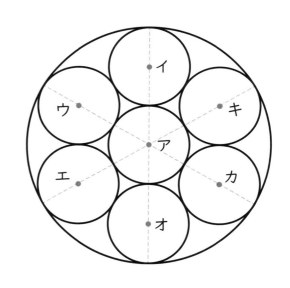

(1) ア、イ、エを直線で結んでできる図形の名前を答えなさい。

答え：＿＿＿＿＿＿＿＿＿＿＿＿＿

(2) イ、エ、カを直線で結んでできる図形の名前を答えなさい。

答え：＿＿＿＿＿＿＿＿＿＿＿＿＿

5 1つの辺の長さが 1cm の正三角形 36 こを重なりやすき間がないようにならべて、1辺の長さが 6cm の正三角形を作りました。

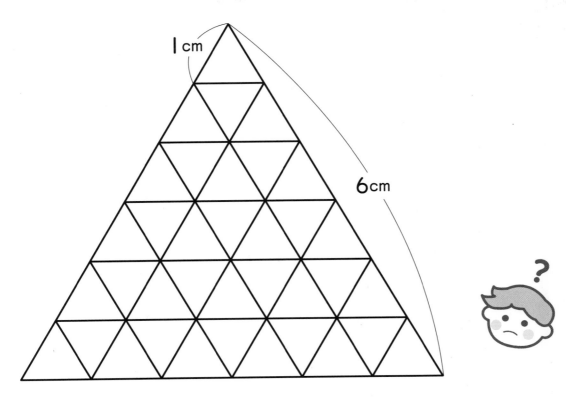

1cm

6cm

(1) 1つの辺の長さが 2cm の正三角形は何こありますか。

答え： _____ こ

(2) 1つの辺の長さが 3cm の正三角形は何こありますか。

答え： _____ こ

(3) 正三角形は、全部で何こありますか。

答え： _____ こ

確認問題

問題1 （1） ウ 　（2） イ

問題2 （1） 正三角形 　（2） 二等辺三角形 　（3） 3cm

（1） アを広げた図 　（2） イを広げた図 　（3） ウを広げた図

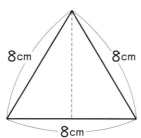 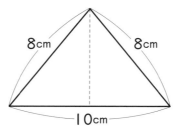 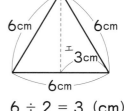

6 ÷ 2 = 3 （cm）

問題3 （1） 正三角形 　（2） 二等辺三角形
（1） 辺アイ、辺イウ、辺ウアの長さはどれも 6cm です。
（2） 辺アイと辺アエの長さはどちらも 6cm です。

練習問題

1 　ア 二等辺三角形 　イ 二等辺三角形
　ウ 直角三角形 　エ 二等辺三角形

ア、イ、エは赤色の辺の長さがそれぞれ同じです。

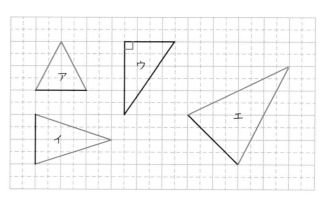

2 （1） 二等辺三角形 　（2） 正三角形

どちらも円の半径なので長さは 10cm です

どの辺も長さは 10cm です

108

3 （1）　正三角形　　（2）　二等辺三角形

（1）
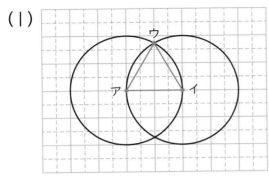
どの辺も円の半径なので長さは同じです。

（2）
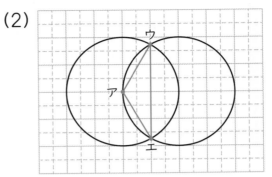
辺アウと辺アエは円の半径なので長さは同じです。

4 （1）　二等辺三角形　　（2）　正三角形

（1）
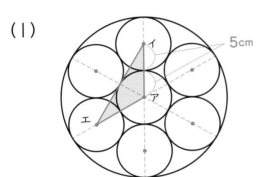
辺アイと辺アエの長さは10cmです。

（2）
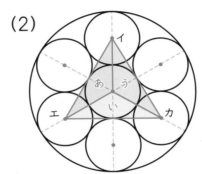
三角形あ、い、うは形と大きさが同じ二等辺三角形なので、
辺イエ、辺エカ、辺カイは同じ長さです。

5 （1）　21こ　　（2）　11こ　　（3）　78こ

（1）　1＋2＋3＋4＋5＝15（こ）…上向きの△

　　　1＋2＋3＝6（こ）…下向きの▽

　　　15＋6＝21（こ）

（2）　1＋2＋3＋4＝10（こ）…上向きの△

　　　下向きの▽は1こ。

　　　10＋1＝11（こ）

（3）　1辺の長さが1cmの正三角形…36こ

　　　1辺の長さが2cmの正三角形…21こ

　　　1辺の長さが3cmの正三角形…11こ

　　　1辺の長さが4cmの正三角形…6こ

　　　1辺の長さが5cmの正三角形…3こ

　　　1辺の長さが6cmの正三角形…1こ

　　　36＋21＋11＋6＋3＋1＝78（こ）

考える力をのばす問題 ⑩

問題 1　正方形や長方形で図形を作ります。図形の太線部分の長さの合計は何 cm ですか。

（1）１つの辺の長さが 10cm の正方形から１つの辺の長さが 4cm の正方形を切り取った図形。

【式】

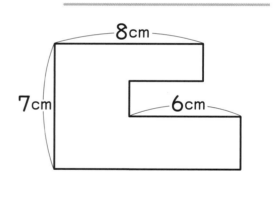

答え：　　　　　cm

（2）長方形を組み合わせた図形。

【式】

答え：　　　　　cm

問題 2　１辺の長さが 5cm の正三角形を 2cm ずつずらしてならべます。

図１

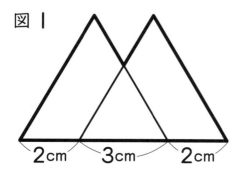

図２

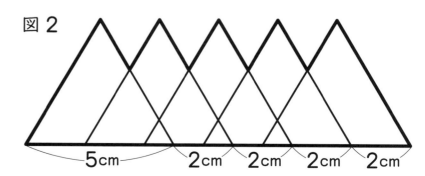

（1）　図１の太線の長さは何 cm ですか。

【式】

答え：　　　　　　cm

（2）　図２の太線の長さは何 cm ですか。

【式】

答え：　　　　　　cm

小3⑩　答えとせつ明

問題1　（1）　48cm　　（2）　42cm
　　　　（1）　10 × 4 + 4 × 2 = 48（cm）
　　　　（2）　（7 + 8 + 6）× 2 = 42（cm）

（1）
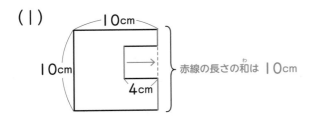
赤線の長さの和は 10cm

（2）
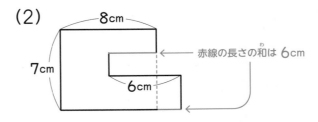
赤線の長さの和は 6cm

問題2　（1）　21cm　　（2）　39cm
　　　　（1）　（5 + 2）× 3 = 21（cm）

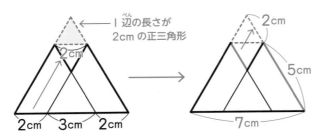

1辺の長さが
2cm の正三角形

赤線の長さの和は 7cm なので
太線の長さは1辺の長さが 7cm の
正三角形のまわりの長さと同じです。

　　　　（2）　（5 + 2 × 4）× 3 = 39（cm）

　おうちの方へ

問題1、問題2 のテーマは「等しい長さを見つける」です。

紙を折る・回す

〜線対称移動・回転移動〜

れい題 1 正方形の紙があります。はじめに頂点アと頂点イが重なるように折り、次に頂点アと頂点ウが重なるように折ります。最後に、赤線部分をはさみで切り、頂点エのある方の紙を取りのぞいてから紙を広げると、どのような図形になりますか。

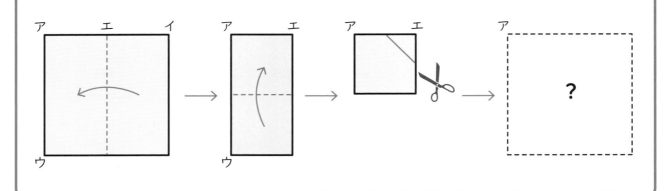

せつ明 折った紙を順に広げていきます。

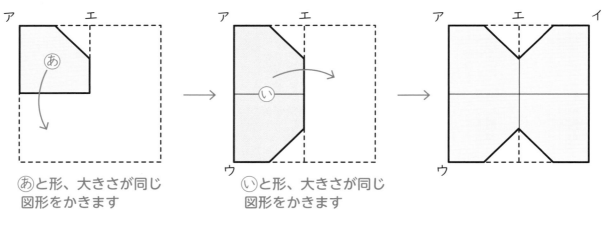

あと形、大きさが同じ図形をかきます

いと形、大きさが同じ図形をかきます

答え：

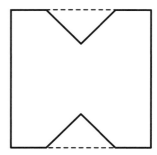

れい題2

紙に円をかいて切り、下の図のように2回折って広げます。この紙のあの部分をアの位置がずれないようにして半回転させると、いの部分にぴったり重なります。

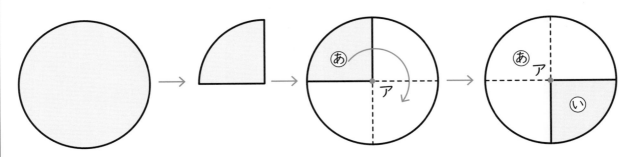

同じように、次の図の正方形うをイの位置がずれないようにして半回転させたときの図をかきなさい。

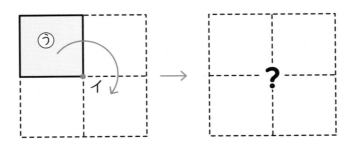

せつ明 正方形のそれぞれの頂点をイを中心として半回転させ、その点を結びます。

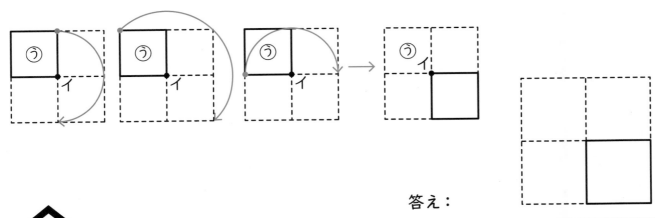

答え:

🏠 おうちの方へ

「線対称」、「点対称」は6年生で学びます。ここでは「折る＝頂点を真反対に移動」、「図形を回す＝頂点を回す」という点を教えてください。

問題 1 直線あで折るとぴったり重なる図形をかきなさい。

(1)

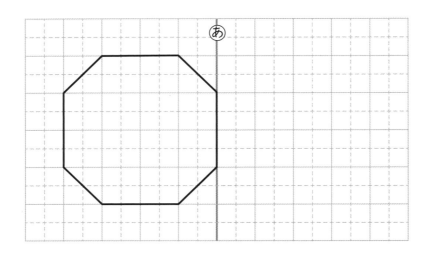

(2)

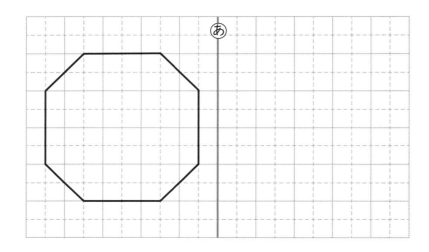

問題 2 アの位置がずれないようにして半回転させた図を、コンパスを使ってかきなさい。

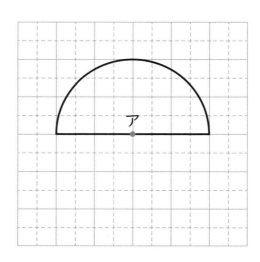

問題3 右の図のように、長方形は点線部分を折り目にして折ると、ぴったり重なります。下の㋐～㋔の図形のうち、同じように点線部分を折り目にして折ると、ぴったり重なる図形をすべてえらび、記号で答えなさい。

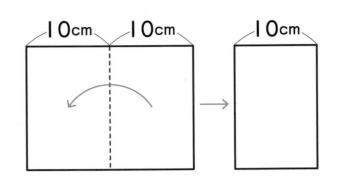

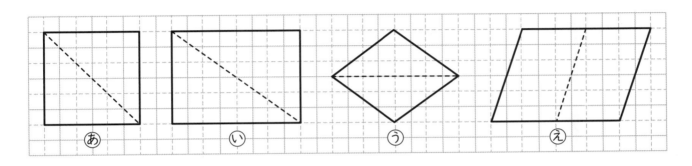

㋐   ㋑   ㋒   ㋓

答え：

問題4 右の図のように、正方形は・の点の位置をずらさないようにして半回転させると、ぴったり重なります。下の㋐～㋔の図形のうち、同じように・の点の位置をずらさないようにして半回転させると、ぴったり重なる図形をすべてえらび、記号で答えなさい。

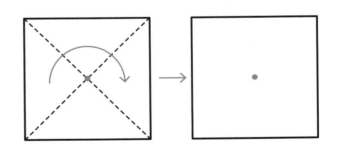

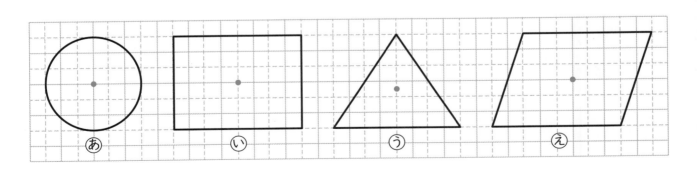

㋐   ㋑   ㋒   ㋓

答え：

答えとせつ明は、120 ページ

1 直線あで折るとぴったり重なる図形をかきなさい。

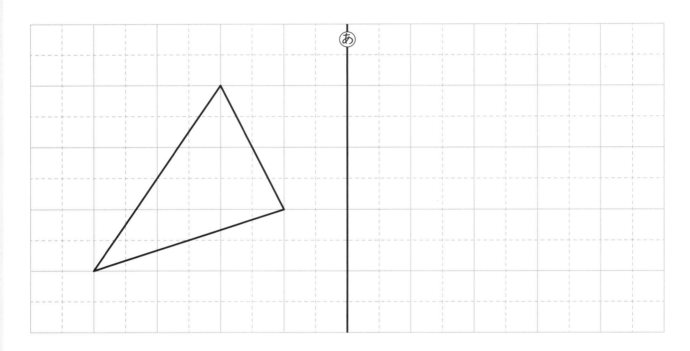

2 点アの位置をずらさないようにして半回転させた図形をかきなさい。

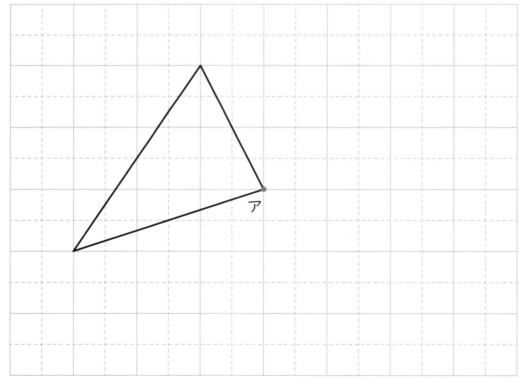

3＊ 図１は形と大きさが同じ長方形を３こつないだ図形です。点線部分で折ると三角形⑧とぴったり重なる図形が全部で３こあります。

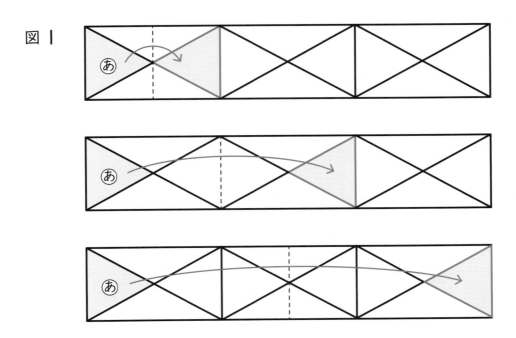

図１

(1) 図２は形と大きさが同じ長方形を４こつないだ図形です。図１のように、折ると三角形⑥とぴったり重なる図形は全部で何こありますか。

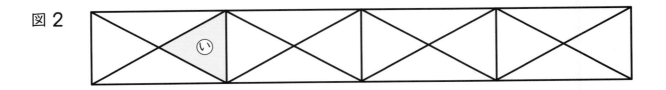

図２

答え：〔　　〕こ

(2) 図３は大きさが同じ正方形を４こつないだ図形です。図１のように、折ると三角形⑥とぴったり重なる図形は全部で何こありますか。

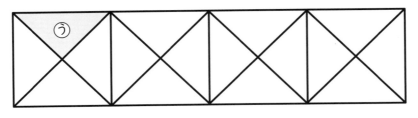

図３

答え：〔　　〕こ

4 [*] 図１は形と大きさが同じ長方形を２こつないだ図形です。•の点の位置をずらさないようにして半回転させると、三角形⑥とぴったり重なる図形が全部で２こあります。

図１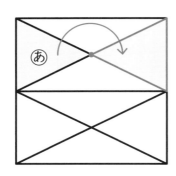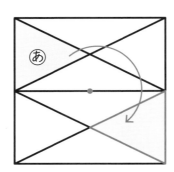

(1) 図２は形と大きさが同じ長方形を３こつないだ図形です。図１のように、半回転させると三角形⑥とぴったり重なる図形は全部で何こありますか。

図２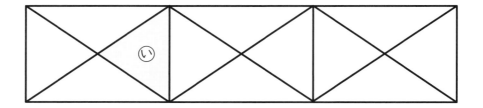

答え：　　　　　　　こ

(2) 図３は形と大きさが同じ長方形を４こつないだ図形です。図１のように、半回転させると三角形⑦とぴったり重なる図形は全部で何こありますか。

図３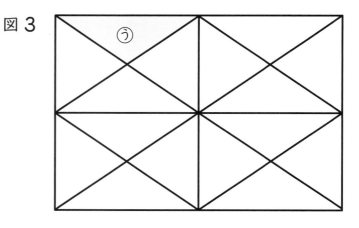

答え：　　　　　　　こ

確認問題 ・・・・・・・・・・・・・・・・・・・・・・・・ 小3⑪ 紙を折る・・・

問題1 （1）

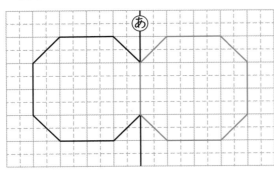

（2）

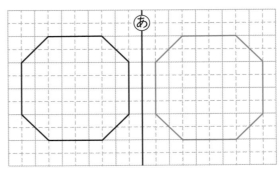

問題2

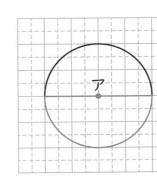

マス目を使って直線あから左右に同じだけはなれた位置にかきましょう。

問題3 あ、う
い、え は、ずれて重なります。

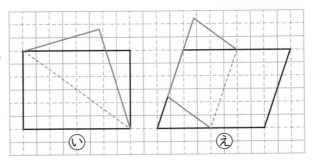

問題4 あ、い、え
う は、ずれて重なります。

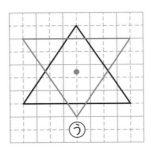

1

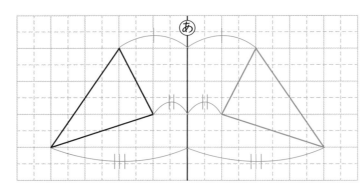

三角形の頂点と⑯までの長さが同じ点を取り、その点を結びます。

2

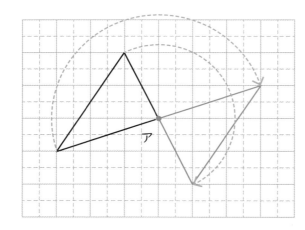

三角形の頂点をコンパスを使って半回転させ、うつした頂点を結びます。

ア〜エの4つの折り方があります

3 （1） 4こ　　（2） 6こ

（1）

（2）

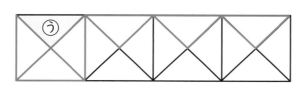

4 （1） 3こ　　（2） 4こ

（1）

（2）

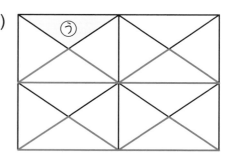

考える力をのばす問題 ⑪

問題 1　下の図は、点線部分で折るとぴったり重なる図形の一部をかいたものです。定規とコンパスを使って図形を完成させなさい。

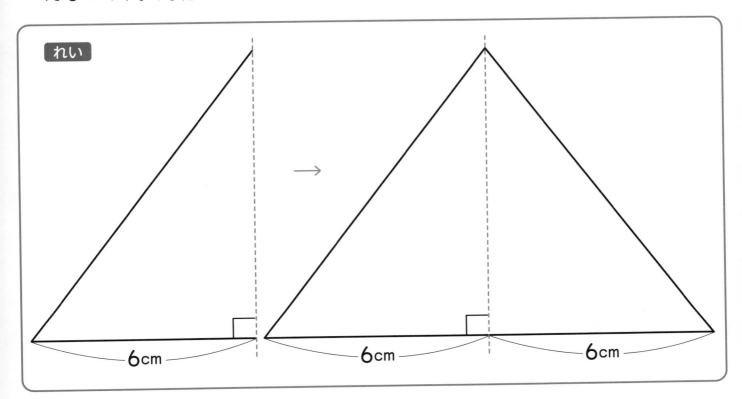

れい

6cm　→　6cm　6cm

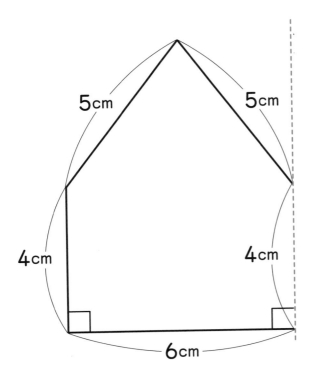

5cm　5cm

4cm　4cm

6cm

問題2 下の図は、・の点の位置をずらさないようにして半回転させるとぴったり重なる図形の一部をかいたものです。定規とコンパスを使って図形を完成させなさい。

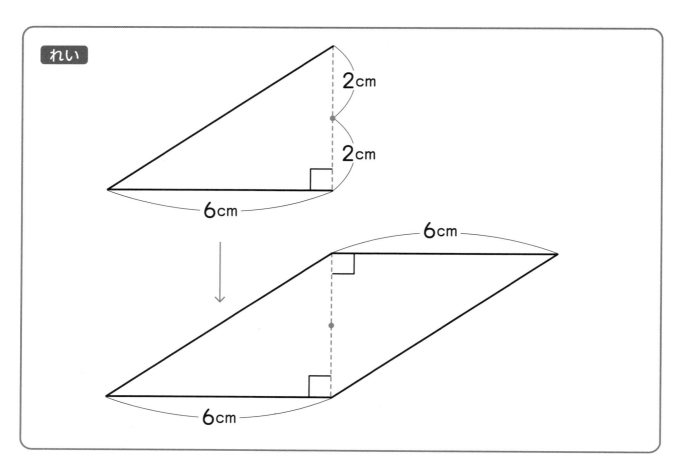

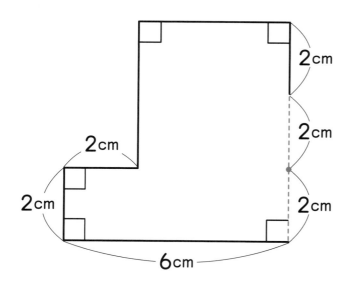

問題1

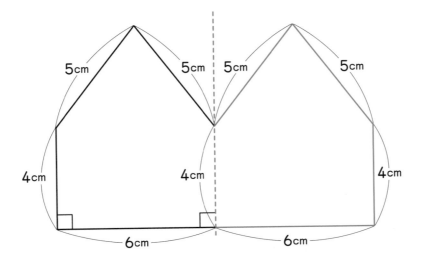

問題2

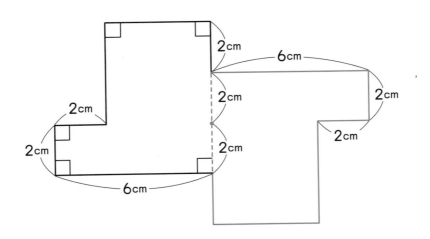

おうちの方へ

問題1 、 問題2 のテーマは「対称図形の対応する辺の長さと角の大きさは等しい」です。分度器の使い方を学ぶのは4年生です。ここでは2年生で学んだ「三角定規の角は直角」を利用して作図をしますので、図形が少し不正確でも定規の使い方が正しければ正解としてください。

紙を動かす・転がす

～平行移動・転がり移動～

れい題 1

長方形と正方形の紙が1つの直線にそってあります。長方形だけをやじるし（→）の向きに動かすと、2つの紙が重なる部分の図形は（　　　）→（　　　）→（　　　）になります。（　　　）にあてはまる図形の名前は何ですか。

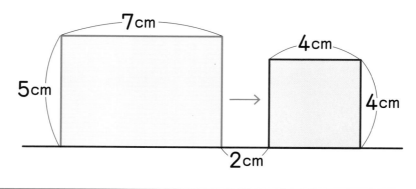

せつ明

長方形の紙を少しずつ右に動かした図をかきます。

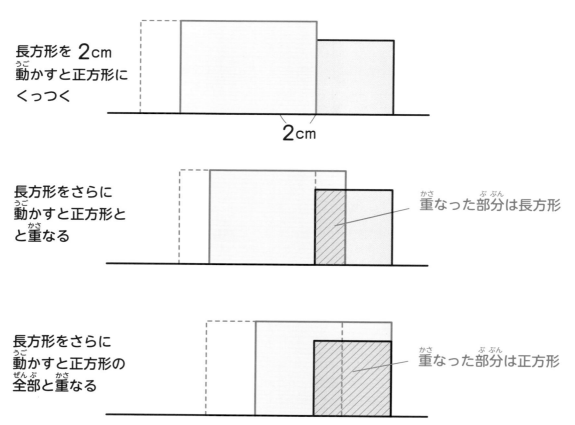

長方形を2cm
動かすと正方形に
くっつく

2cm

長方形をさらに
動かすと正方形と
と重なる

重なった部分は長方形

長方形をさらに
動かすと正方形の
全部と重なる

重なった部分は正方形

長方形をさらに
動かすとふたたび
重なりが長方形になる

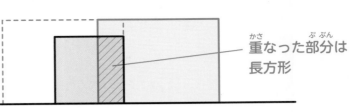

重なった部分は
長方形

長方形をさらに
動かすと正方形から
はなれる

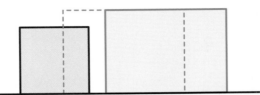

答え：　**長方形→正方形→長方形**

れい題 2　正三角形の紙を直線にそって転がします。図の（　）
にあてはまる頂点の記号を書きなさい。

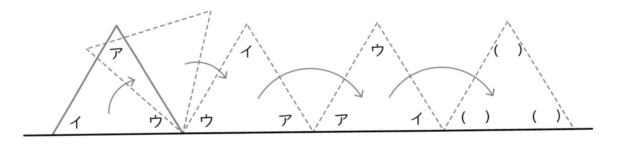

せつ明　頂点は下の図のように動きます。

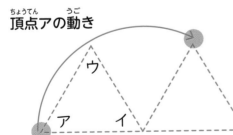

頂点アの動き

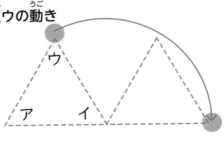

頂点ウの動き

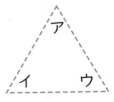

答え：

🏠 **おうちの方へ**

実際に紙や色セロハンなどを使って動かしてみてください。

問題 1

正方形と長方形の紙が1つの直線にそってあります。正方形だけをやじるし（→）の向（む）きに動（うご）かすと、2つの紙が重（かさ）なる部分（ぶぶん）の図形はどのように変（か）わっていきますか。図形の名前を順番（じゅんばん）に答えなさい。

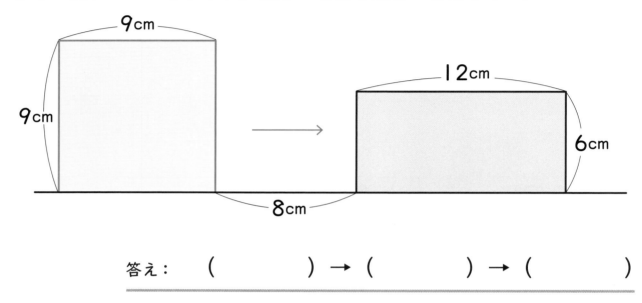

答え：　（　　　　　）→（　　　　　）→（　　　　　）

問題 2

直角三角形の紙を直線にそって転（ころ）がします。図の（　）にあてはまる頂点（ちょうてん）の記号（きごう）を書きなさい。

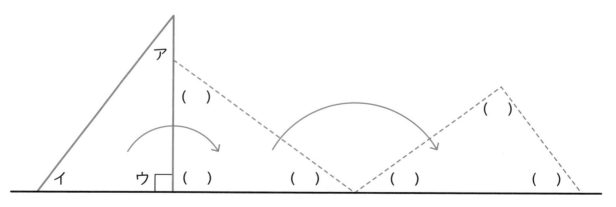

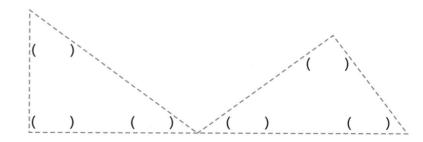

答え：

直角三角形と長方形の紙が１つの直線にそってあります。直角三角形だけをやじるし（→）の向きに動かすと、２つの紙が重なる部分の図形はどのようにか変わっていきますか。（　　）の中にあてはまる漢数字を書きなさい。

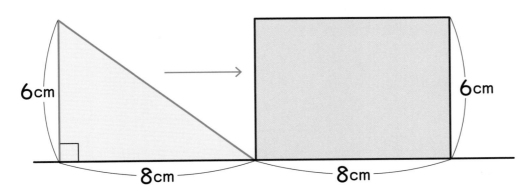

答え：　（　　）角形 → （　　）角形

長方形の紙を直線にそって転がします。図の（　）にあてはまる頂点の記号を書きなさい。

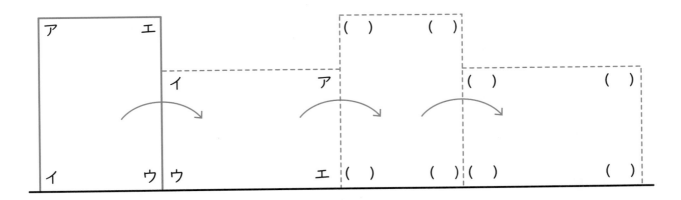

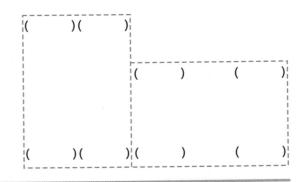

答え：

1 長方形と正方形の紙が１つの直線にそってあり、長方形だけを⑤の位置からやじるし（→）の向きに動かします。

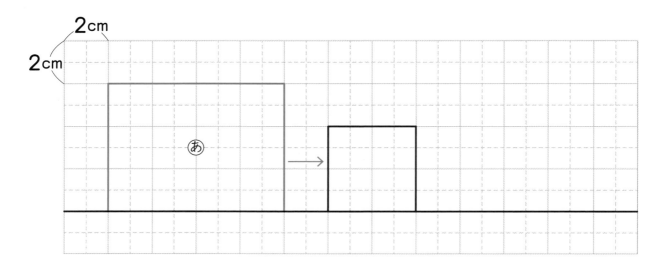

（1）　長方形を⑤から 4cm 動かしました。2 つの紙が重なっている図形のまわりの長さは何 cm ですか。

【式】

答え：　　　　　　cm

（2）　長方形を⑤から 6cm 動かしました。2 つの紙が重なっている図形のまわりの長さは何 cm ですか。

【式】

答え：　　　　　　cm

（3）　長方形を⑤から 12cm 動かしました。2 つの紙が重なっている図形のまわりの長さは何 cm ですか。

【式】

答え：　　　　　　cm

2 「顔」をかいた円の形の紙を直線にそって右に転がします。 れい にならって、図に「顔」をかきなさい。

れい

答え：

3 「顔」をかいた正三角形の紙を直線にそって転がします。図の⑧〜③に「顔」をかきなさい。

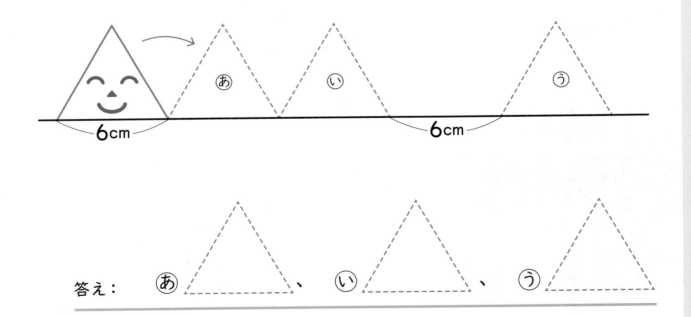

答え：　⑧　　　、　　⑤　　　、　　③

4 $\overset{*}{\underset{}{}}$ 半径 1cm の円の形の紙を転がします。

(1) たての長さが 2cm、横の長さが 10cm の長方形の中を、㋐ の位置から㋑ の位置まで紙を転がしました。円の中心は何 cm 動きましたか。

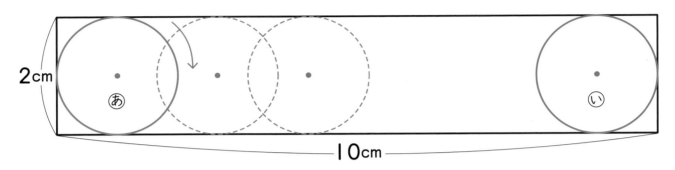

2cm

10cm

【式】

答え：　　　　　　cm

(2) たての長さが 6cm、横の長さが 8cm の長方形の中を、長方形の辺にそって ㋐ の位置から㋐→㋑→㋒→㋓→㋐ のように紙を転がして 1 周させました。円の中心は全部で何 cm 動きましたか。

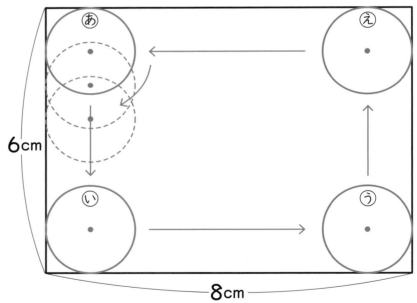

6cm

8cm

【式】

答え：　　　　　　cm

確認問題

問題1　長方形→正方形→長方形

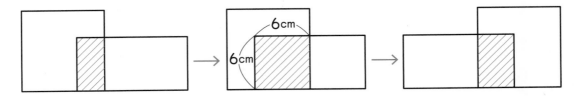

問題2　せつ明の図を参照

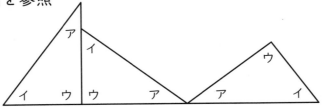

問題3　三角形→四角形

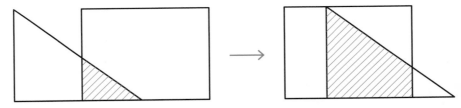

問題4　せつ明の図を参照

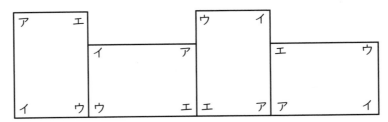

練習問題

1　（1）　12cm　　（2）　16cm　　（3）　12cm

長方形の１つの頂点（次のページの図の場合はア）の動きに着目します。

（1）　(4 + 2) × 2 = 12（cm）

（2）　4 × 4 = 16（cm）

（3）　(4 + 2) × 2 = 12（cm）

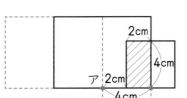
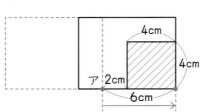
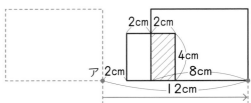

2

3 せつ明の図を参照

正三角形の頂点にア、イ、ウの記号をつけて考えます。

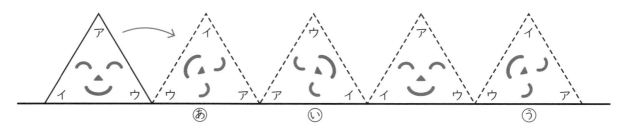

あ　　　　い　　　　　　　　う

円が直線にそって転がるとき、円の中心はまっすぐに動きます

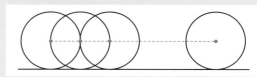

4 （1）　8cm　　（2）　20cm

（1）　10 － 1 × 2 ＝ 8 （cm）

（2）　6 － 1 × 2 ＝ 4 （cm）… たての動き

8 － 1 × 2 ＝ 6 （cm）… 横の動き

（4 ＋ 6）× 2 ＝ 20 （cm）

（1）の図　　　　　　　　　　　　　　　　　　　（2）の図

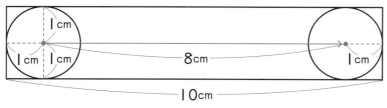
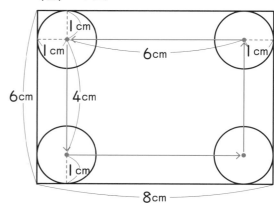

考える力をのばす問題 ⑫

問題 1
図１の図形は、直線と長方形を組み合わせたものです。図２は、図１の図形を点アを中心にして時計回りに４分の１回転させた図のかき方を表しています。

図１　図２

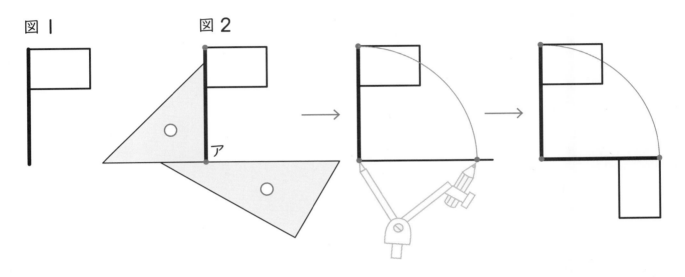

（１）　図３の図形は、直線と正方形を組み合わせたものです。図３の図形を点イを中心として時計回りに４分の１回転させた図を三角定規とコンパスを使ってかきなさい。

図３

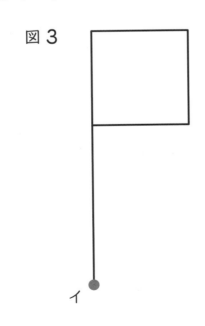

（2）　図4の図形は正方形です。図4の図形を点ウを中心として時計回りに4分の1回転_{かいてん}させた図を三角形とコンパスを使_{つか}ってかきなさい。

図4

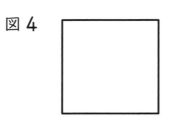

ウ

小3⑫　答えとせつ明

問題1_{もんだい}　（1）

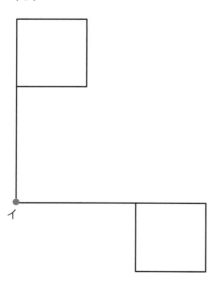

イ

（2）

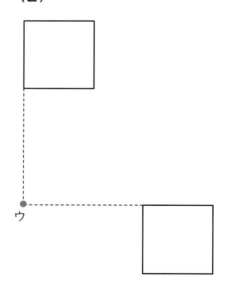

ウ

おうちの方へ

問題1 、 問題2 は「回転移動」です。図形を移動させる問題のポイントは、「図形の頂点を先に移動させる」です。ここでは1点を移動させた後、コンパスと定規で正方形を描きたすという手順でOKです。

134

西村則康（にしむら　のりやす）
名門指導会代表　塾ソムリエ
教育・学習指導に40年以上の経験を持つ。現在は難関私立中学・高校受験のカリスマ家庭教師であり、プロ家庭教師集団である名門指導会を主宰。「鉛筆の持ち方で成績が上がる」「勉強は勉強部屋でなくリビングで」「リビングはいつも適度に散らかしておけ」などユニークな教育法を書籍・テレビ・ラジオなどで発信中。フジテレビをはじめ、テレビ出演多数。
監修書に、「中学受験すらすら解ける魔法ワザ」シリーズ（全8冊）、著書に、「つまずきをなくす算数・計算」シリーズ（全7冊）、「つまずきをなくす算数・図形」シリーズ（全3冊）、「つまずきをなくす算数・文章題」シリーズ（全6冊）、「つまずきをなくす算数・全分野基礎からていねいに」シリーズ（全2冊）のほか、『自分から勉強する子の育て方』『勉強ができる子になる「1日10分」家庭の習慣』『中学受験の常識 ウソ？ホント？』（以上、実務教育出版）などがある。

都関靖治（とせき　やすじ）
中学受験専門の家庭教師「名門指導会」関西統括。

40年以上にわたって中学受験の算数を指導、灘、東大寺学園洛南高附属、大阪星光学院、神戸女学院、四天王寺をはじめとした関西の最難関中に、のべ2000名以上の合格者を輩出してきた。
低学年から無理なく最難関中を目指すための学習アドバイス、指導にも定評がある。

浜学園の中軸として長年の指導経験を経た後、現在も現場にこだわり「名門指導会」で一人ひとりに最適化した指導を実践し続けている。

装丁／西垂水敦（krran）
カバーイラスト／umao
本文デザイン・DTP／草水美鶴

今すぐ始める中学受験　小3　算数
2023年11月10日　初版第1刷発行

監修者　西村則康
著　者　都関靖治
発行者　小山隆之
発行所　株式会社 実務教育出版
　　　　〒163-8671　東京都新宿区新宿1-1-12
　　　　電話　03-3355-1812（編集）　03-3355-1951（販売）
　　　　振替　00160-0-78270

印刷／文化カラー印刷　製本／東京美術紙工

©Noriyasu Nishimura & Yasuji Toseki 2023　ISBN978-4-7889-0976-2　C6041
Printed in Japan
乱丁・落丁本は小社にておとりかえいたします。
本書の無断転載・無断複製（コピー）を禁じます。

入試で的中、続出！
中学受験　すらすら解ける魔法ワザ
算数４部作　好評発売中！

シリーズ
12 万部
突破！

実務教育出版の本